职业教育土建类专业“十四五”创新教

工程造价综合实训

GONGCHENG ZAOJIA ZONGHE SHIXUN

主　编　陈蓉芳　吴　洋
主　审　胡六星

内容简介

本书以高职工程造价专业岗位能力为导向，重点突出高职工程造价专业人才的专业基本技能、岗位核心技能和跨岗位综合技能。其中专业基本技能模块包括施工图的识读与绘制、BIM 建模、财务报表的解读和基本财务指标分析；岗位核心技能模块分建筑、安装、市政三个专业方向，有定额人、材、机消耗量的确定，定额的套用，人、材、机单价的确定，建筑工程工程量清单编制，安装工程工程量清单编制，市政工程工程量清单编制，建筑工程工程量清单计价，市政工程工程量清单计价，BIM 工程量计算，BIM 工程计价；跨岗位综合技能模块包括建设项目决策与财务分析、建设项目招投标与合同管理、工程索赔和工程结算等内容。

本书有较强的针对性与实用性，可作为高职院校工程造价专业技能考核用书，也可作为相关专业实训教学与专业技术人员培训的参考用书。

职业教育土建类专业“十四五”创新教材编审委员会

出版说明 INSTRUCTIONS

为了深入贯彻党的十九大精神和全国教育大会精神，落实《国家职业教育改革实施方案》(国发〔2019〕4号)和《职业院校教材管理办法》(教材〔2019〕3号)有关要求，深化职业教育“三教”改革，全面推进高等职业院校土建类专业教育教学改革，促进高端技术技能型人才的培养，依据国家高职高专教育土建类专业教学指导委员会高等职业教育土建类专业教学基本和国家教学标准及职业标准要求，通过充分的调研，在总结吸收国内优秀高职高专教材建设经验的基础上，我们组织编写和出版了这套高职高专土建类专业规划教材。

高职高专教学改革不断深入，土建行业工程技术日新月异，相应国家标准、规范，行业、企业标准、规范不断更新，作为课程内容载体的教材也必然要顺应教学改革和新形式的变化，适应行业的发展变化。教材建设应该按照最新的职业教育教学改革理念构建教材体系，探索新的编写思路，编写出版一套全新的、高等职业院校普遍认同的、能引导土建专业教学改革的系列教材。为此，我们成立了规划教材编审委员会。规划教材编审委员会由全国30多所高职院校的权威教授、专家、院长、教学负责人、专业带头人及企业专家组成。编审委员会通过推荐、遴选，聘请了一批学术水平高、教学经验丰富、工程实践能力强的骨干教师及企业专家组成编写队伍。

本套教材具有以下特色：

1. 教材符合《职业院校教材管理办法》(教材〔2019〕3号)的要求，以习近平新时代中国特色社会主义思想为指导，注重立德树人，在教材中有机融入中国优秀传统文化、四个自信、爱国主义、法治意识、工匠精神、职业素养等思政元素。

2. 教材依据教育部高职高专教育土建类专业教学指导委员会《高职高专土建类专业教学基本要求》及国家教学标准和职业标准(规范)编写，体现科学性、综合性、实践性、时效性等特点。

3. 体现“三教”改革精神，适应高职高专教学改革的要求，以职业能力为主线，采用行动导向、任务驱动、项目载体，教、学、做一体化模式编写，按实际岗位所需的知识能力来选取教材内容，实现教材与工程实际的零距离“无缝对接”。

4. 体现先进性特点，将土建学科发展的新成果、新技术、新工艺、新材料、新知识纳入教材，结合最新国家标准、行业标准、规范编写。

5. 产教融合，校企双元开发，教材内容与工程实际紧密联系。教材案例选择符合或接近真实工程实际，有利于培养学生的工程实践能力。

6. 以社会需求为基本依据，以就业为导向，有机融入“1+X”证书内容，融入建筑企业岗位(八大员)职业资格考试、国家职业技能鉴定标准的相关内容，实现学历教育与职业资格认证的衔接。

7. 教材体系立体化。为了方便教师教学和学生学习，本套教材建立了多媒体教学电子课件、电子图集、教学指导、教学大纲、案例素材等教学资源支持服务平台；部分教材采用了“互联网+”的形式出版，读者扫描书中的二维码，即可阅读丰富的工程图片、演示动画、操作视频、工程案例、拓展知识等。

高职高专土建类专业规划教材

编 审 委 员 会

前言 PREFACE

本书根据教育部高职工程造价专业教学标准，按照湖南省教育厅关于专业技能考核的要求编制。全书参照二级造价工程师执业资格考试标准，吸收了行业企业的新技术、新工艺、新标准和新规范，融入了“1+X”、BIM 等级证书、工程造价数字应用等级证书考核内容，通过校企合作、校校合作的方式，广泛征求行业企业专家意见。

全书是以贯彻造价专业岗位实际工作任务为导向，在突出高职工程造价专业人才的基本技能和岗位核心技能的基础上，延伸了跨岗位综合技能，共分为三个模块：专业基本技能模块、岗位核心技能模块和跨岗位综合技能模块。每个模块再分为若干独立的考核项目，每个项目下设数个实训任务。专业基本技能模块和跨岗位综合技能模块为通用模块，岗位核心技能模块下设建筑工程、安装工程、市政工程三个方向。

本书由陈蓉芳、吴洋组织编写，胡六星主审，参加编写的教师和企业专家较多。主要参与人员有胡六星、陈蓉芳、吴洋、欧阳洋、邹品增、伍娇娇、张晓波、姚静、贾亮、文雅、刘璨、娄南羽、刘欲意、宋红亮、姜安民、张佳顺、李旋、孙湘晖、李延超、彭文君、吴文辉、赵杰英、周怡安、佘勇、叶蓓等，全书由陈蓉芳、吴洋统稿和校核。

本书的编写，得到了湖南城建职业技术学院、湖南工程职业技术学院、湖南有色金属职业技术学院、湖南建工集团有限公司的领导与老师和专家的大力支持，中南大学出版社的相关编审人员对本书的编辑和出版也付出了辛勤的劳动，谨此一并致谢！

由于作者水平所限，书中不当之处在所难免，恳请读者批评指正。

编　者

2022 年 1 月

目 录 CONTENTS

一、专业基本技能模块 …… (1)

项目一　施工图的识读与绘制 …… (1)

项目二　BIM 建模 …… (21)

项目三　财务报表的解读和基本财务指标分析 …… (32)

二、岗位核心技能模块 …… (37)

项目四　定额人、材、机消耗量的确定 …… (37)

项目五　定额的套用 …… (41)

项目六　人、材、机单价的确定 …… (45)

项目七　建筑工程工程量清单编制 …… (49)

项目八　安装工程工程量清单编制 …… (85)

项目九　市政工程工程量清单编制 …… (91)

项目十　建筑工程工程量清单计价 …… (98)

项目十一　市政工程工程量清单计价 …… (114)

项目十二　BIM 工程量计算 …… (120)

项目十三　BIM 工程计价 …… (124)

三、跨岗位综合技能模块 …… (139)

项目十四　建设项目决策和财务分析 …… (139)

项目十五　建设项目招投标与合同管理 …… (145)

项目十六　工程索赔和工程结算 …… (149)

附件一　某办公楼建筑结构施工图 …… (153)

附件二　某三层建筑生活给排水施工图 …… (170)

附件三　某高校学生宿舍电气照明工程施工图 …… (172)

参考文献 …… (176)

一、专业基本技能模块

项目一 施工图的识读与绘制

1. 试题 1-1：施工图的识读与绘制

考场号		工位号	
评分人		考核日期	

(1)任务描述。

识读图 1-1 给定的首层平面图，在计算机上用 CAD 软件绘制所给平面图，绘制完成后以 dwg 格式，命名为“1-1 试题-xxxx”(注意：xxxx 为考场号工位号)，并保存到考试文件夹。请仔细阅读建筑施工图绘制要求，未作特别说明的均参照《房屋建筑制图统一标准》(GB/T 50001—2017)。

①图层设置：按表 1-1 进行设置。

表 1-1 图层设置表

图层名称	颜色	线型	线宽/mm
轴线	1	CENTER	0.15
墙体	2	CONTINUOUS	0.5
门窗	4	CONTINUOUS	0.2
柱子	6	CONTINUOUS	0.2
楼梯	5	CONTINUOUS	0.2
尺寸及标注	3	CONTINUOUS	0.2
图框	135	CONTINUOUS	0.35
其他细线	8	CONTINUOUS	0.2

②文字样式设置。

设置文字样式名为“汉字”，字体名为“仿宋”，宽度因子 0.7。

设置文字样式名为“非汉字”，字体名为“Simplex. shx”，宽度因子 0.7。

图纸内注释文字高度为 3.5 mm，图名文字高度为 7 mm。

③尺寸标注样式设置。

尺寸标注样式名为“标注 100”。文字样式选用“非汉字”，箭头大小为 1.2 mm，基线间距

10 mm，尺寸界限偏移尺寸线 2 mm，尺寸界限偏移原点 5 mm，文字高度 3 mm，使用全局比例为 100。

④符号。

轴线编号圆圈直径统一为 8 mm；剖切符号用粗实线绘制，剖切位置线长度 8 mm，剖切方向线长度 4 mm，剖切符号用阿拉伯数字编号。

⑤图中墙体厚度为 370 mm 或者 240 mm；框架柱截面尺寸 500 mm×500 mm，画图需填充；门窗洞口尺寸，C-1 为 1500 mm×1800 mm，C-2 为 1800 mm×1800 mm，M-1 为 2400 mm×2700 mm，M-2 为 900 mm×2100 mm，其他不详尺寸按大致比例画出。

⑥图框绘制。

绘制完成后，套入 A4 横式图框。图框线宽要求细线 0. 35 mm，中粗线 0. 7 mm，粗线 1. 0 mm，细线的"线宽控制"随层，中粗线和粗线均采用"线宽控制"。标题栏文字(属图框层)采用"汉字"样式，字高 3. 5 mm，标题栏大小尺寸不作要求。

⑦比例：绘图比例 1∶1，出图比例 1∶100。

(2)实施条件。

本题为上机操作，考试地点位于机房，要求计算机安装 AutoCAD 软件，学生一人配备一台计算机，独立完成操作。

(3)考核时量。

3 小时。

(4)评分细则见表 1-2。

表 1-2　评分细则表

评价内容	配分	考核点	扣分标准	备注
职业素养(20 分)	5	检查材料及工具是否齐全，做好工作前准备	少检查一项扣 2 分，直到扣完该项得分为止	
	5	严格遵守考场纪律	有违反考场纪律的行为扣 5 分	
	5	有良好的环境保护意识，文明作业	没有环境保护意识，乱扔纸屑每次扣 2 分，直到扣完该项得分为止	
	5	任务完成后，整齐摆放所给材料及工具、凳子，整理工作台面等	任务完成后，没有整齐摆放所给材料及工具扣 3 分，没有清理场地，没有摆好凳子、整理工作台面扣 2 分	
成果(80 分)	3	按照要求格式保存绘制图样到指定文件夹	未按要求新建绘图文件并命名扣 3 分	
	8	对象图层、对象颜色、对象线宽、对象线型	八个图层共 8 分；1 个图层内颜色、线宽、线型任错一处，此图层不得分	
	4	文字样式设置	1. 汉字样式设置未命名为"汉字"、字体名未选择"仿宋"扣 1 分；宽度因子未设置为 0. 7 扣 1 分 2. 非汉字样式设置未命名为"非汉字"、字体名未选择"Simplex. shx"扣 1 分；宽度因子未设置为 0. 7 扣 1 分	

续表1-2

评价内容	配分	考核点	扣分标准	备注
成果（80分）	4	尺寸标注样式设置	1. 样式名未命名为“标注 100”、未选用“非汉字”扣1分 2. 箭头大小未设置为 1. 2 mm、基线间距未设置为 10 mm 扣1分 3. 尺寸界限偏移尺寸线未设置为 2 mm、尺寸界限偏移原点未设置为 5 mm 扣1分 4. 文字高度未设置为 3 mm、全局比例未设置为 100 扣1分	出现明显失误造成电脑、用具、资料和记录工具严重损坏等；严重违反考场纪律，造成恶劣影响的第一大项计0分
	4	轴线绘制准确	轴线符号直径、标注错一处扣1分，扣完为止	
	4	剖切符号绘制准确	1. 剖切符号未按粗实线绘制扣1分 2. 两处剖切位置线共1分，错一处不得分 3. 两处剖切方向线共1分，错一处不得分 4. 两处剖切符号编号共1分，错一处不得分	
	8	墙体绘制准确	1. 墙体图层1分，错一处图层不得分 2. 墙厚、墙与轴线关系7分，错一处扣1分，扣完为止	
	8	门窗绘制准确	1. 门窗图层1分，错一处图层不得分 2. 门窗编号2分，错一处扣1分，扣完为止 3. 门窗尺寸5分，错一处扣1分，扣完为止	
	6	柱子绘制准确	1. 柱子图层1分，错一处图层不得分 2. 柱子尺寸绘制错误扣2分 3. 柱子编号2分，错一处扣1分，扣完为止 4. 柱子填充1分，有一处未填充不得分	
	6	楼梯绘制准确	1. 楼梯图层2分，错一处图层不得分 2. 踏步、折断线、上行方向符号、文字共4分，错一处扣1分，扣完为止	
	3	散水绘制准确	1. 散水图层1分，错一处图层不得分 2. 宽度未按要求绘制扣2分	
	4	台阶绘制准确	1. 台阶图层1分，错一处图层不得分 2. 台阶宽度尺寸3分，错1处扣1分，扣完为止	
	5	尺寸标注准确、完整	每错一处扣1分，扣完为止	
	3	绘制图名并文字标注准确	1. 未写图名不得分 2. 图名文字设置错误扣1分	
	2	绘制图框并尺寸准确	1. 未绘制图框不得分 2. 图框尺寸不正确扣1分	
	3	图框线宽设置准确	图框线宽三种共3分，错一种线宽扣1分	
	5	绘制标题栏并书写齐全	1. 未绘制标题栏不得分 2. 标题栏文字设置未按要求扣1分 3. 标题栏文字书写齐全2分，少一处扣1分，扣完为止	

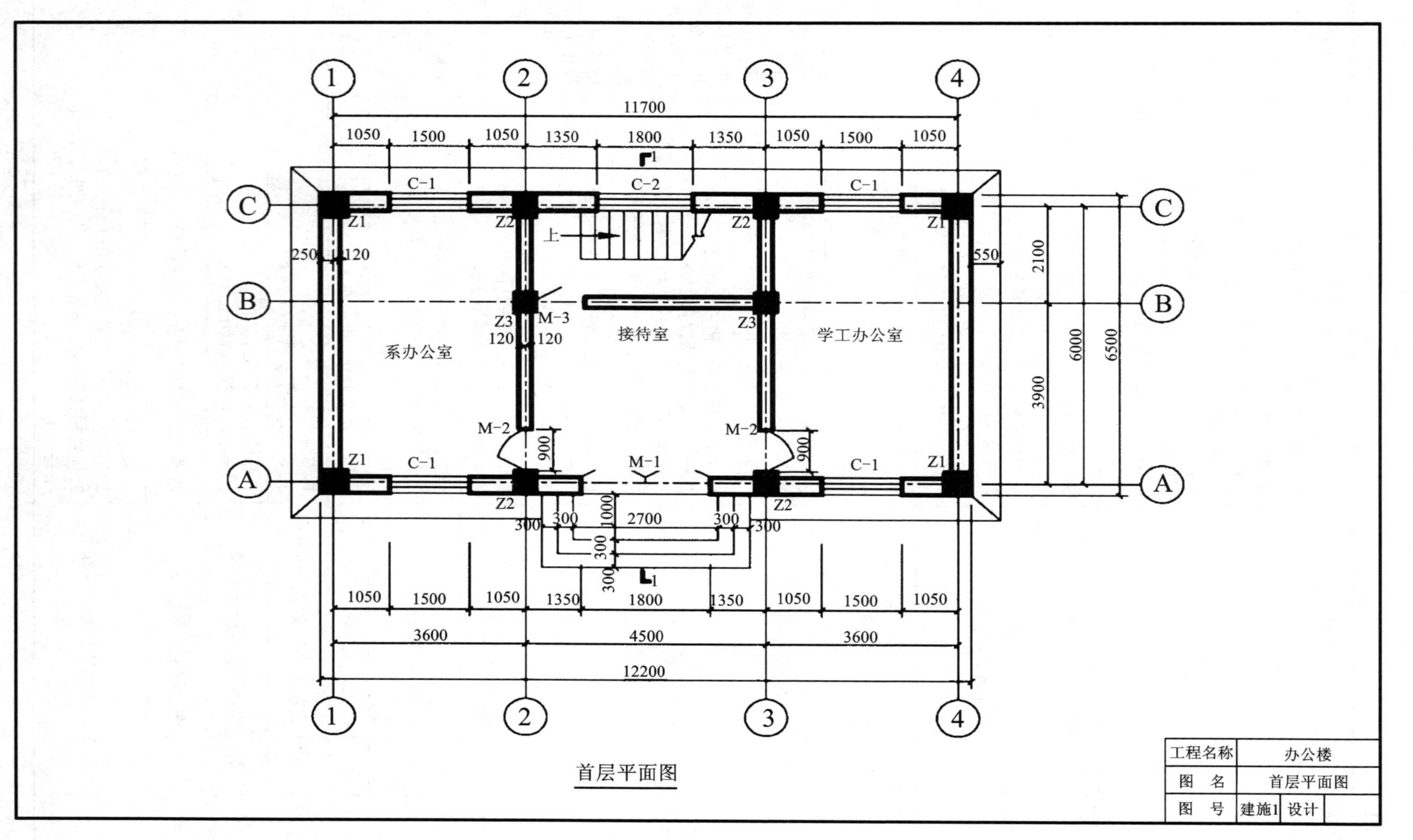
11700
1050
1500
1350
1800
C-1
C-2
Z1
Z2
Z3
M-1
M-2
M-3
上
250
120
550
900
2100
3900
6000
6500
300
1000
2700
3600
4500
12200
系办公室
接待室
学工办公室
首层平面图
工程名称
办公楼
图　名
首层平面图
图　号
建施1
设计

图1-1　首层平面图

2. 试题 1-2：施工图的识读与绘制

考场号		工位号	
评分人		考核日期	

(1)任务描述。

识读图 2-1 给定的二层平面图，在计算机上用 CAD 软件绘制所给平面图，绘制完成后以 dwg 格式，命名为“1-2 试题-xxxx”(注意：xxxx 为考场号工位号)，并保存到考试文件夹。请仔细阅读建筑施工图绘制要求，未作特别说明的均参照《房屋建筑制图统一标准》(GB/T 50001—2017)。

①图层设置：按表 2-1 进行设置。

表 2-1　图层设置表

图层名称	颜色	线型	线宽/mm
轴线	1	CENTER	0.15
墙体	2	CONTINUOUS	0.5
门窗	4	CONTINUOUS	0.2
柱子	6	CONTINUOUS	0.2
楼梯	5	CONTINUOUS	0.2
尺寸及标注	3	CONTINUOUS	0.2
图框	135	CONTINUOUS	0.35
其他细线	8	CONTINUOUS	0.2

②文字样式设置。

设置文字样式名为“汉字”，字体名为“仿宋”，宽度因子 0.7。

设置文字样式名为“非汉字”，字体名为“Simplex. shx”，宽度因子 0.7。

图纸内注释文字高度为 3.5 mm，图名文字高度为 7 mm。

③尺寸标注样式设置。

尺寸标注样式名为“标注 100”。文字样式选用“非汉字”，箭头大小为 1.2 mm，基线间距 10 mm，尺寸界限偏移尺寸线 2 mm，尺寸界限偏移原点 5 mm，文字高度 3 mm，使用全局比例为 100。

④符号。

轴线编号圆圈直径统一为 8 mm。

⑤图中墙体厚度为 370 mm 或者 240 mm；框架柱截面尺寸 500 mm×500 mm，画图需填充；门窗洞口尺寸，C-1 为 1500 mm×1800 mm，C-2 为 1800 mm×1800 mm，M-1 为 2400 mm×2700 mm，M-2 为 900 mm×2100 mm，其他不详尺寸按大致比例画出。

⑥图框绘制。

绘制完成后，套入 A4 横式图框。图框线宽要求细线 0. 35 mm，中粗线 0. 7 mm，粗线 1. 0 mm，细线的“线宽控制”随层，中粗线和粗线均采用“线宽控制”。标题栏文字(属图框层)采用“汉字”样式，字高 3. 5 mm，标题栏大小尺寸不作要求。

⑦比例：绘图比例 1∶1，出图比例 1∶100。

(2)实施条件。

本题为上机操作，考试地点位于机房，要求计算机安装 AutoCAD 软件，学生一人配备一台计算机，独立完成操作。

(3)考核时量。

3 小时。

(4)评分细则见表 2-2。

表 2-2 评分细则表

评价内容	配分	考核点	扣分标准	备注
职业素养 (20 分)	5	检查材料及工具是否齐全，做好工作前准备	少检查一项扣 2 分，直到扣完该项得分为止	
	5	严格遵守考场纪律	有违反考场纪律的行为扣 5 分	
	5	有良好的环境保护意识，文明作业	没有环境保护意识，乱扔纸屑每次扣 2 分，直到扣完该项得分为止	
	5	任务完成后，整齐摆放所给材料及工具、凳子，整理工作台面等	任务完成后，没有整齐摆放所给材料及工具扣 3 分，没有清理场地，没有摆好凳子、整理工作台面扣 2 分	
成果 (80 分)	3	按照要求格式保存绘制图样到指定文件夹	未按要求新建绘图文件并命名扣 3 分	
	8	对象图层、对象颜色、对象线宽、对象线型	八个图层共 8 分；1 个图层内颜色、线宽、线型任错一处，此图层不得分	
	4	文字样式设置	1. 汉字样式设置未命名为“汉字”、字体名未选择“仿宋”扣 1 分；宽度因子未设置为 0. 7 扣 1 分 2. 非汉字样式设置未命名为“非汉字”、字体名未选择“Simplex. shx”扣 1 分；宽度因子未设置为 0. 7 扣 1 分	
	4	尺寸标注样式设置	1. 样式名未命名为“标注 100”、未选用“非汉字”扣 1 分 2. 箭头大小未设置为 1. 2 mm、基线间距未设置为 10 mm 扣 1 分 3. 尺寸界限偏移尺寸线未设置为 2 mm、尺寸界限偏移原点未设置为 5 mm 扣 1 分 4. 文字高度未设置为 3 mm、全局比例未设置为 100 扣 1 分	

续表2-2

评价内容	配分	考核点	扣分标准	备注
成果（80分）	4	轴线绘制准确	轴线符号直径、标注错一处扣1分，扣完为止	出现明显失误造成电脑、用具、资料和记录工具严重损坏等；严重违反考场纪律，造成恶劣影响的第一大项计0分
	8	墙体绘制准确	1. 墙体图层1分，错一处图层不得分 2. 墙厚、墙与轴线关系7分，错一处扣1分，扣完为止	
	8	门窗绘制准确	1. 门窗图层1分，错一处图层不得分 2. 门窗编号2分，错一处扣1分，扣完为止 3. 门窗尺寸5分，错一处扣1分，扣完为止	
	6	柱子绘制准确	1. 柱子图层1分，错一处图层不得分 2. 柱子尺寸绘制错误扣2分 3. 柱子编号2分，错一处扣1分，扣完为止 4. 柱子填充1分，有一处未填充不得分	
	6	楼梯绘制准确	1. 楼梯图层2分，错一处图层不得分 2. 踏步、折断线、上行方向符号、文字共4分，错一处扣1分，扣完为止	
	4	阳台绘制准确	1. 未绘制阳台不得分 2. 阳台尺寸标注正确2分，错1处扣1分，扣完为止	
	6	房间名准确	每错一处扣2分，扣完为止	
	6	尺寸标注准确、完整	每错一处扣1分，扣完为止	
	3	绘制图名并文字标注准确	1. 未写图名不得分 2. 图名文字设置错误扣1分	
	2	绘制图框并尺寸准确	1. 未绘制图框不得分 2. 图框尺寸不正确扣1分	
	3	图框线宽设置准确	图框线宽三种共3分，错一种线宽扣1分	
	5	绘制标题栏并书写齐全	1. 未绘制标题栏不得分 2. 标题栏文字设置未按要求扣1分 3. 标题栏文字书写齐全共2分，少一处扣1分，扣完为止	

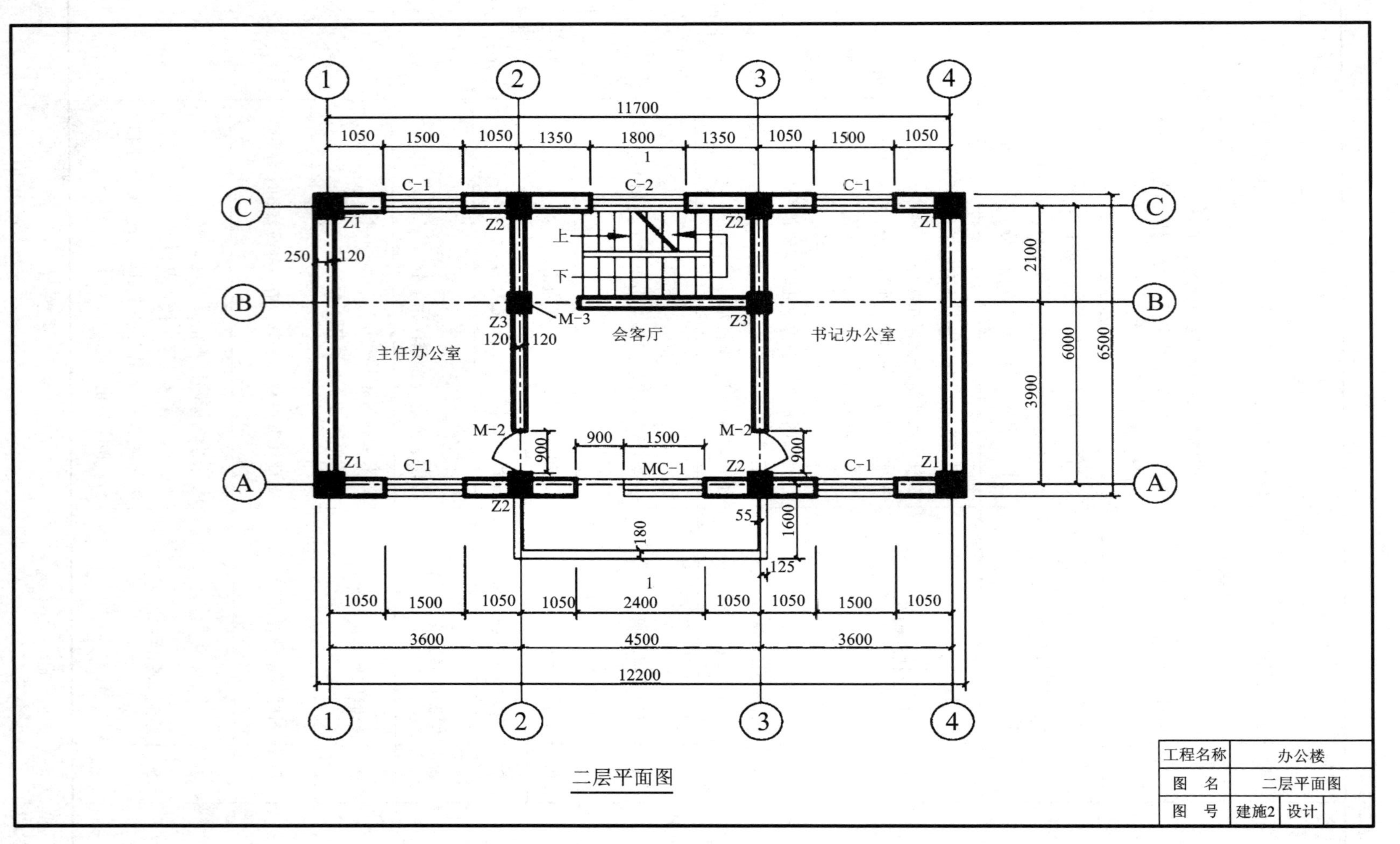
11700
1050 1500 1050 1350 1800 1350 1050 1500 1050
C-1
C-2
C-1
Z1
Z2
Z2
Z1
上
下
250
120
M-3
Z3
Z3
120
120
主任办公室
会客厅
书记办公室
M-2
M-2
900
900
1500
900
MC-1
C-1
C-1
Z1
Z2
Z2
Z1
55
1600
180
125
1050 1500 1050 1050 2400 1050 1050 1500 1050
3600 4500 3600
12200
2100
3900
6000
6500
二层平面图
工程名称
办公楼
图 名
二层平面图
图 号
建施2
设计
图2-1 二层平面图

3. 试题 1-3：施工图的识读与绘制

考场号		工位号	
评分人		考核日期	

(1)任务描述。

识读图 3-1 给定的南立面图，在计算机上用 CAD 软件绘制所给平面图，绘制完成后以 dwg 格式，命名为“1-3 试题-xxxx”(注意：xxxx 为考场号工位号)，并保存到考试文件夹。请仔细阅读建筑施工图绘制要求，未作特别说明的均参照《房屋建筑制图统一标准》(GB/T 50001—2010)。

①图层设置：按表 3-1 进行设置。

表 3-1　图层设置表

图层名称	颜色	线型	线宽/mm
轴线	1	CENTER	0.15
立面线	2	CONTINUOUS	0.25
门窗	4	CONTINUOUS	0.2
台阶散水	6	CONTINUOUS	0.2
尺寸及标注	3	CONTINUOUS	0.2
图框	135	CONTINUOUS	0.25
其他	8	CONTINUOUS	0.2

②文字样式设置。

设置文字样式名为“汉字”，字体名为“仿宋”，宽度因子 0.7。

设置文字样式名为“非汉字”，字体名为“Simplex. shx”，宽度因子 0.7。

图纸内注释文字高度为 3.5 mm，图名文字高度为 7 mm。

③尺寸标注样式设置。

尺寸标注样式名为“标注 100”。文字样式选用“非汉字”，箭头大小为 1.2 mm，基线间距 10 mm，尺寸界限偏移尺寸线 2 mm，尺寸界限偏移原点 5 mm，文字高度 3 mm，使用全局比例为 100。

④符号。

轴线编号圆圈直径统一为 8 mm；标高符号为等腰直角三角形，三角形的高度为 3 mm。

⑤门窗洞口尺寸，C-1 为 1500 mm×1800 mm，C-2 为 1800 mm×1800 mm，M-1 为 2400 mm×2700 mm，其他不详尺寸按大致比例画出。

⑥图框绘制。

绘制完成后，套入 A4 横式图框。图框线宽要求细线 0.35 mm，中粗线 0.7 mm，粗线 1.0 mm，细线的“线宽控制”随层，中粗线和粗线均采用“线宽控制”。标题栏文字(属图框层)采用“汉字”样式，字高 3.5 mm，标题栏大小尺寸不作要求。

⑦比例：绘图比例 1∶1，出图比例 1∶100。

(2)实施条件。

本题为上机操作，考试地点位于机房，要求计算机安装 AutoCAD 软件，学生一人配备一台计算机，独立完成操作。

(3)考核时量。

3 小时。

(4)评分细则。

抽查项目的评价包括职业素养、成果两个方面，总分为 100 分。其中，职业素养占该项目总分的 20%，成果占该项目总分的 80%，见表 3-2，成果两项考核均需合格，总成绩才能评定为合格。

表 3-2　评分细则表

评价内容	配分	考核点	扣分标准	备注
职业素养 (20 分)	5	检查材料及工具是否齐全，做好工作前准备	少检查一项扣 2 分，直到扣完该项得分为止	
	5	严格遵守考场纪律	有违反考场纪律的行为扣 5 分	
	5	有良好的环境保护意识，文明作业	没有环境保护意识，乱扔纸屑每次扣 2 分，直到扣完该项得分为止	
	5	任务完成后，整齐摆放所给材料及工具、凳子，整理工作台面等	任务完成后，没有整齐摆放所给材料及工具扣 3 分，没有清理场地，没有摆好凳子、整理工作台面扣 2 分	
成果 (80 分)	3	按照要求格式保存绘制图样到指定文件夹	未按要求新建绘图文件并命名扣 3 分	
	7	对象图层、对象颜色、对象线宽、对象线型	七个图层共 7 分；1 个图层内颜色、线宽、线型任错一处，此图层不得分	
	4	文字样式设置	1. 汉字样式设置未命名为“汉字”、字体名未选择“仿宋”扣 1 分；宽度因子未设置为 0.7 扣 1 分 2. 非汉字样式设置未命名为“非汉字”、字体名未选择“Simplex. shx”扣 1 分；宽度因子未设置为 0.7 扣 1 分	
	4	尺寸标注样式设置	1. 样式名未命名为“标注 100”、未选用“非汉字”扣 1 分 2. 箭头大小未设置为 1.2 mm、基线间距未设置为 10 mm 扣 1 分 3. 尺寸界限偏移尺寸线未设置为 2 mm、尺寸界限偏移原点未设置为 5 mm 扣 1 分 4. 文字高度未设置为 3 mm、全局比例未设置为 100 扣 1 分	

续表3-2

评价内容	配分	考核点	扣分标准	备注
成果（80分）	4	轴线绘制准确	轴线符号直径、标注错一处扣1分，扣完为止	出现明显失误造成电脑、用具、资料和记录工具严重损坏等；严重违反考场纪律，造成恶劣影响的第一大项计0分
	5	立面线绘制准确	1. 未绘制立面线不得分 2. 立面线图层选择错误扣2分	
	6	门窗绘制准确	1. 门窗图层1分，错一处图层不得分 2. 门窗编号2分，错一处扣1分，扣完为止 3. 门窗尺寸3分，错一处扣1分，扣完为止	
	3	绘制阳台栏板	未绘制阳台栏板扣3分	
	4	绘制墙裙并标注高度	1. 未绘制墙裙不得分 2. 未标注墙裙高度扣2分	
	4	绘制散水	1. 未绘制散水不得分 2. 散水图层错误扣1分	
	5	绘制台阶	1. 未绘制台阶扣4分 2. 台阶图层错误扣1分	
	6	绘制落水管	未绘制落水管扣6分	
	8	标高符号、标注准确完整	共11处，每错一处扣1分，扣完为止	
	4	标注外墙装修做法	外墙装修做法标注2处，一处未标注扣2分	
	3	绘制图名并文字标注准确	1. 未写图名不得分 2. 图名文字设置错误扣1分	
	2	绘制图框并尺寸准确	1. 未绘制图框不得分 2. 图框尺寸不正确扣1分	
	3	图框线宽设置准确	图框线宽三种共3分，错一种线宽扣1分	
	5	绘制标题栏并书写齐全	1. 未绘制标题栏不得分 2. 标题栏文字设置未按要求扣1分 3. 标题栏文字书写齐全共2分，少一处扣1分，扣完为止	

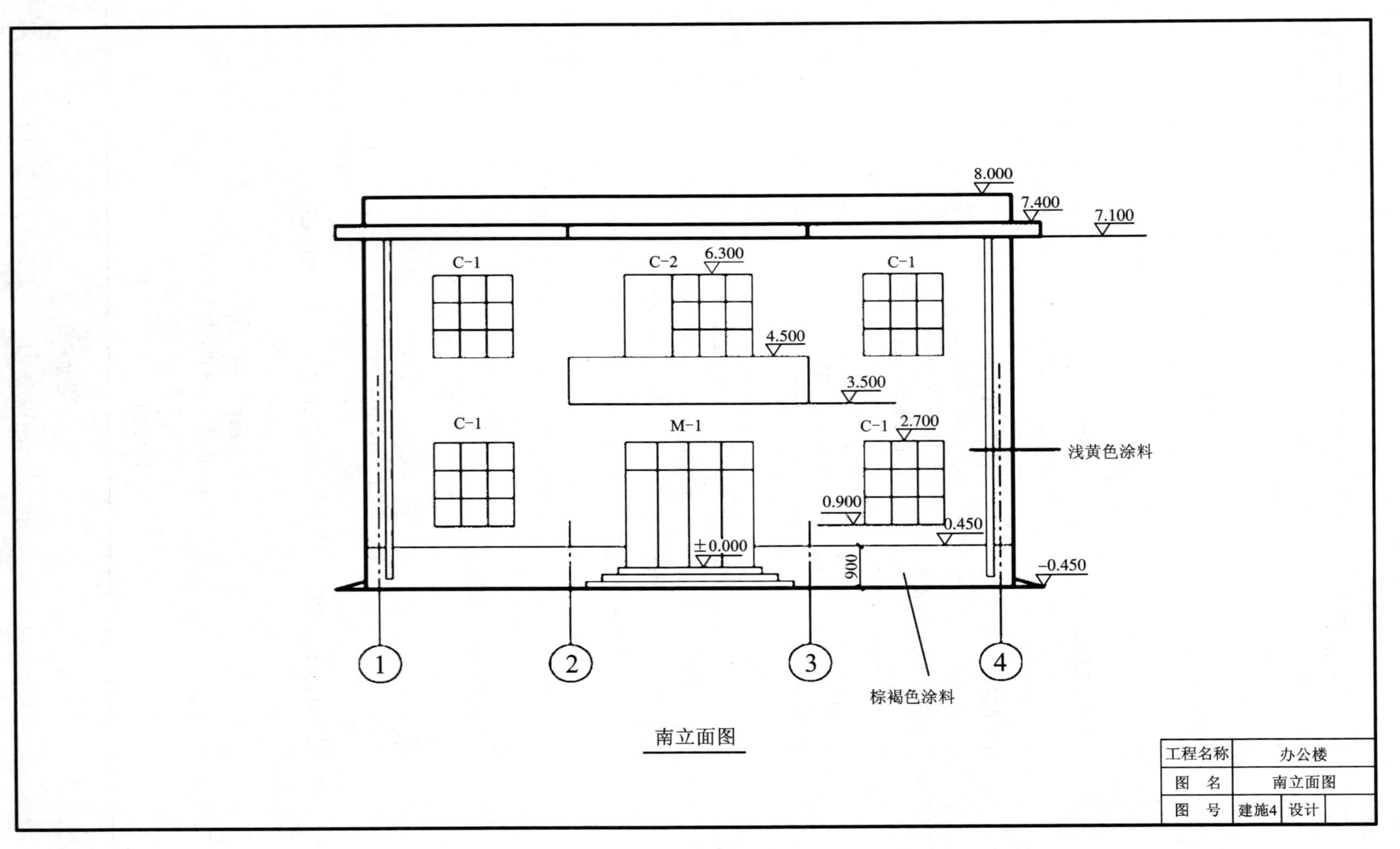
8.000
7.400
7.100
C-1
C-2
6.300
C-1
4.500
3.500
C-1
M-1
C-1
2.700
浅黄色涂料
0.900
0.450
±0.000
900
-0.450
1
2
3
4
棕褐色涂料
南立面图
工程名称
办公楼
图 名
南立面图
图 号
建施4
设计

图3-1 南立面图

4. 试题 1-4：施工图的识读与绘制

考场号		工位号	
评分人		考核日期	

(1)任务描述。

识读图 4-1 给定的北立面图，在计算机上用 CAD 软件绘制所给平面图，绘制完成后以 dwg 格式，命名为“1-4 试题-xxxx”(注意：xxxx 为考场号工位号)，并保存到考试文件夹。请仔细阅读建筑施工图绘制要求，未作特别说明的均参照《房屋建筑制图统一标准》(GB/T 50001—2017)。

①图层设置：按表 4-1 进行设置。

表 4-1 图层设置表

图层名称	颜色	线型	线宽/mm
轴线	1	CENTER	0.15
立面线	2	CONTINUOUS	0.25
门窗	4	CONTINUOUS	0.2
散水	6	CONTINUOUS	0.2
尺寸及标注	3	CONTINUOUS	0.2
图框	135	CONTINUOUS	0.25
其他	8	CONTINUOUS	0.2

②文字样式设置。

设置文字样式名为“汉字”，字体名为“仿宋”，宽度因子 0.7。

设置文字样式名为“非汉字”，字体名为“Simplex. shx”，宽度因子 0.7。

图纸内注释文字高度为 3.5 mm，图名文字高度为 7 mm。

③尺寸标注样式设置。

尺寸标注样式名为“标注 100”。文字样式选用“非汉字”，箭头大小为 1.2 mm，基线间距 10 mm，尺寸界限偏移尺寸线 2 mm，尺寸界限偏移原点 5 mm，文字高度 3 mm，使用全局比例为 100。

④符号。

轴线编号圆圈直径统一为 8 mm；标高符号为等腰直角三角形，三角形的高度为 3 mm。

⑤窗户洞口尺寸，C-1 为 1500 mm×1800 mm，C-2 为 1800 mm×1800 mm，图中 6 个窗户，中间两个为 C2，其他四个为 C1，其他不详尺寸按大致比例画出。

⑥图框绘制。

绘制完成后，套入 A4 横式图框。图框线宽要求细线 0.35 mm，中粗线 0.7 mm，粗线 1.0 mm，细线的“线宽控制”随层，中粗线和粗线均采用“线宽控制”。标题栏文字(属图框层)采用“汉字”样式，字高3.5 mm，标题栏大小尺寸不作要求。

⑦比例：绘图比例1∶1，出图比例1∶100。

(2)实施条件。

本题为上机操作，考试地点位于机房，要求计算机安装AutoCAD软件，学生一人配备一台计算机，独立完成操作。

(3)考核时量。

3小时。

(5)评分细则见表4-2。

表4-2 评分细则表

评价内容	配分	考核点	扣分标准	备注
职业素养(20分)	5	检查材料及工具是否齐全，做好工作前准备	少检查一项扣2分，直到扣完该项得分为止	
	5	严格遵守考场纪律	有违反考场纪律的行为扣5分	
	5	有良好的环境保护意识，文明作业	没有环境保护意识，乱扔纸屑每次扣2分，直到扣完该项得分为止	
	5	任务完成后，整齐摆放所给材料及工具、凳子，整理工作台面等	任务完成后，没有整齐摆放所给材料及工具扣3分，没有清理场地，没有摆好凳子、整理工作台面扣2分	
成果(80分)	3	按照要求格式保存绘制图样到指定文件夹	未按要求新建绘图文件并命名扣3分	
	7	对象图层、对象颜色、对象线宽、对象线型	七个图层共7分；1个图层内颜色、线宽、线型任错一处，此图层不得分	
	4	文字样式设置	1. 汉字样式设置未命名为“汉字”、字体名未选择“仿宋”扣1分；宽度因子未设置为0.7扣1分 2. 非汉字样式设置未命名为“非汉字”、字体名未选择“Simplex. shx”扣1分；宽度因子未设置为0.7扣1分	
	4	尺寸标注样式设置	1. 样式名未命名为“标注100”、未选用“非汉字”扣1分 2. 箭头大小未设置为1.2 mm、基线间距未设置为10 mm扣1分 3. 尺寸界限偏移尺寸线未设置为2 mm、尺寸界限偏移原点未设置为5 mm扣1分 4. 文字高度未设置为3 mm、全局比例未设置为100扣1分	

续表4-2

评价内容	配分	考核点	扣分标准	备注
成果（80分）	8	轴线绘制准确	四处轴线，轴线符号直径、标注错一处扣2分，扣完为止	出现明显失误造成电脑、用具、资料和记录工具严重损坏等；严重违反考场纪律，造成恶劣影响的第一大项计0分
	7	立面线绘制准确	1. 未绘制立面线不得分 2. 立面线图层选择错误扣2分	
	7	门窗绘制准确	1. 门窗六处，少一处扣1分 2. 门窗图层1分，错一处图层扣1分	
	6	绘制墙裙并标注高度	1. 未绘制墙裙不得分 2. 未标注墙裙高度扣3分	
	8	绘制散水	两处散水，一个未绘制扣4分	
	4	绘制落水管	两处落水管，一个未绘制扣2分	
	8	标高符号、标注准确完整	共八处，每错一处扣1分，扣完为止	
	3	绘制图名并文字标注准确	1. 未写图名不得分 2. 图名文字设置错误扣1分	
	3	绘制图框并尺寸准确	1. 未绘制图框不得分 2. 图框尺寸不正确扣1分	
	3	图框线宽设置准确	图框线宽三种共3分，错一种线宽扣1分	
	5	绘制标题栏并书写齐全	1. 未绘制标题栏不得分 2. 标题栏文字设置未按要求扣1分 3. 标题栏文字书写齐全共2分，少一处扣1分，扣完为止	

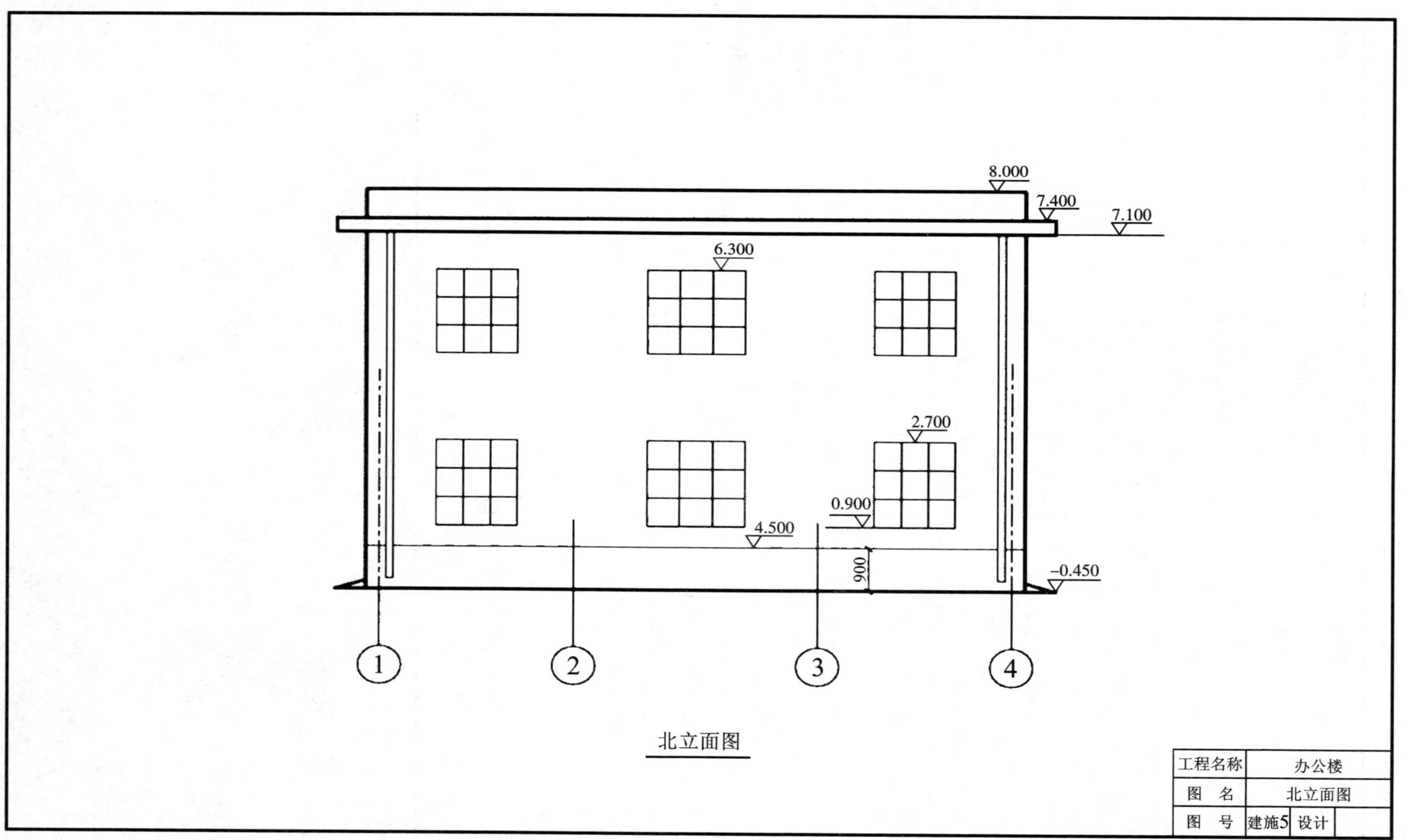
8.000
7.400
7.100
6.300
2.700
0.900
4.500
900
-0.450
1
2
3
4
北立面图
工程名称
办公楼
图　名
北立面图
图　号
建施5
设计

图4-1　北立面图

5. 试题 1-5：绘制建筑工程施工图

考场号		工位号	
评分人		考核日期	

(1)任务描述。

识读图 5-1 给定的屋顶平面图，在计算机上用 CAD 软件绘制所给平面图，绘制完成后以 dwg 格式，命名为“1-5 试题-xxxx”(注意：xxxx 为考场号工位号)，并保存到考试文件夹。请仔细阅读建筑施工图绘制要求，未作特别说明的均参照《房屋建筑制图统一标准》(GB/T 50001—2017)。

①图层设置：按表 5-1 进行设置。

表 5-1　图层设置表

图层名称	颜色	线型	线宽/mm
轴线	1	CENTER	0.15
女儿墙	2	CONTINUOUS	0.5
柱子	6	CONTINUOUS	0.2
尺寸及标注	3	CONTINUOUS	0.2
图框	135	CONTINUOUS	0.35
其他细线	8	CONTINUOUS	0.2

②文字样式设置。

设置文字样式名为“汉字”，字体名为“仿宋”，宽度因子 0.7。

设置文字样式名为“非汉字”，字体名为“Simplex. shx”，宽度因子 0.7。

图纸内注释文字高度为 3.5 mm，图名文字高度为 7 mm。

③尺寸标注样式设置。

尺寸标注样式名为“标注 100”。文字样式选用“非汉字”，箭头大小为 1.2 mm，基线间距 10 mm，尺寸界限偏移尺寸线 2 mm，尺寸界限偏移原点 5 mm，文字高度 3 mm，使用全局比例为 100。

④符号。

轴线编号圆圈直径统一为 8 mm。

⑤构造柱配筋详图不需要绘制，其他不详尺寸按大致比例画出。

⑥图框绘制。

绘制完成后，套入 A4 横式图框。图框线宽要求细线 0.35 mm，中粗线 0.7 mm，粗线 1.0 mm，细线的“线宽控制”随层，中粗线和粗线均采用“线宽控制”。标题栏文字(属图框层)采用“汉字”样式，字高 3.5 mm，标题栏大小尺寸不作要求。

⑦比例：绘图比例 1 : 1，出图比例 1 : 100。

(2)实施条件。

本题为上机操作，考试地点位于机房，要求计算机安装 AutoCAD 软件，学生一人配备一台计算机，独立完成操作。

(3)考核时量。

3 小时。

(4)评分细则见表 5-2。

表 5-2　评分细则表

评价内容	配分	考核点	扣分标准	备注
职业素养（20 分）	5	检查材料及工具是否齐全，做好工作前准备	少检查一项扣 2 分，直到扣完该项得分为止	
	5	严格遵守考场纪律	有违反考场纪律的行为扣 5 分	
	5	有良好的环境保护意识，文明作业	没有环境保护意识，乱扔纸屑每次扣 2 分，直到扣完该项得分为止	
	5	任务完成后，整齐摆放所给材料及工具、凳子，整理工作台面等	任务完成后，没有整齐摆放所给材料及工具扣 3 分，没有清理场地，没有摆好凳子、整理工作台面扣 2 分	
成果（80 分）	3	按照要求格式保存绘制图样到指定文件夹	未按要求新建绘图文件并命名扣 3 分	
	6	对象图层、对象颜色、对象线宽、对象线型	六个图层共 6 分；1 个图层内颜色、线宽、线型任错一处，此图层不得分	
	4	文字样式设置	1. 汉字样式设置未命名为“汉字”、字体名未选择“仿宋”扣 1 分；宽度因子未设置为 0.7 扣 1 分 2. 非汉字样式设置未命名为“非汉字”、字体名未选择“Simplex. shx”扣 1 分；宽度因子未设置为 0.7 扣 1 分	
	4	尺寸标注样式设置	1. 样式名未命名为“标注 100”、未选用“非汉字”扣 1 分 2. 箭头大小未设置为 1.2 mm、基线间距未设置为 10 mm 扣 1 分 3. 尺寸界限偏移尺寸线未设置为 2 mm、尺寸界限偏移原点未设置为 5 mm 扣 1 分 4. 文字高度未设置为 3 mm、全局比例未设置为 100 扣 1 分	

续表5-2

评价内容	配分	考核点	扣分标准	备注
成果（80分）	6	轴线绘制准确	十二处轴线，轴线符号直径、标注错一处扣0.5分，扣完为止	出现明显失误造成电脑、用具、资料和记录工具严重损坏等；严重违反考场纪律，造成恶劣影响的第一大项计0分
	10	女儿墙绘制准确	1. 未绘制女儿墙不得分 2. 女儿墙图层2分，错一处图层不得分 3. 墙厚标注错误扣2分	
	8	屋面排水符号绘制准确	八处排水符号、坡度标注，漏一处扣1分	
	10	柱子绘制准确	1. 八处柱子且尺寸正确8分，错一个扣1分 2. 柱子图层2分，错一处图层不得分	
	8	绘制天沟	1. 未绘制天沟不得分 2. 天沟绘制不全扣2分	
	6	尺寸标注准确、完整	每错一处扣1分，扣完为止	
	3	绘制图名并文字标注准确	1. 未写图名不得分 2. 图名文字设置错误扣1分	
	4	绘制图框并尺寸准确	1. 未绘制图框不得分 2. 图框尺寸不正确扣1分	
	3	图框线宽设置准确	图框线宽三种共3分，错一种线宽扣1分	
	5	绘制标题栏并书写齐全	1. 未绘制标题栏不得分 2. 标题栏文字设置未按要求扣1分 3. 标题栏文字书写齐全共2分，少一处扣1分，扣完为止	

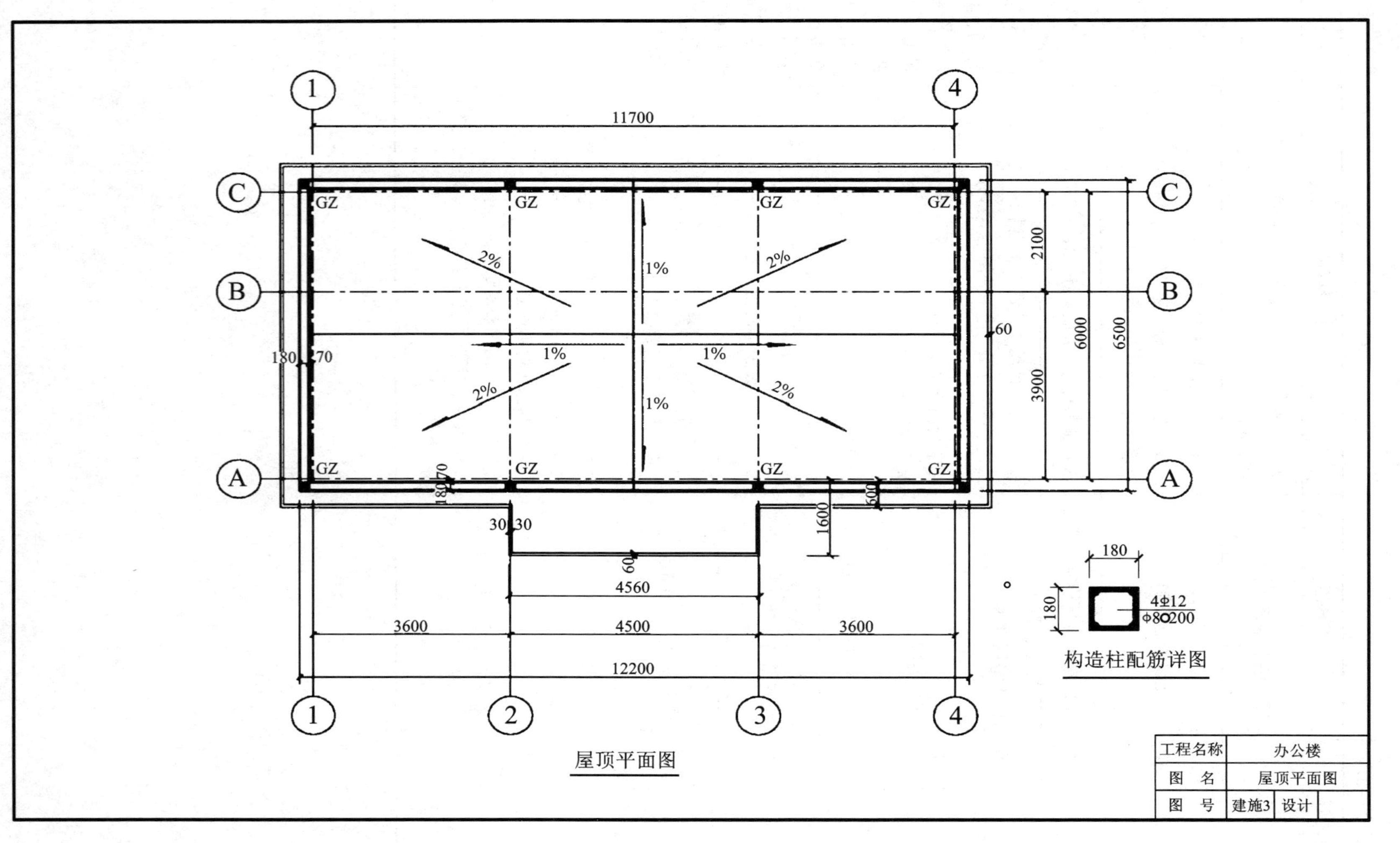

图5-1 屋顶平面图

项目二　BIM 建模

6. 试题 1-6：BIM 建模

考场号		工位号	
评分人		考核日期	

(1)任务描述。

给定某建筑图纸，考生仔细阅读并理解图纸，使用 Revit 软件完成给定图纸的建筑信息模型的创建，保存到考生文件夹。

绘制一段墙体，墙体类型、墙体高度、墙体厚度及墙体长度自定义，材质为灰色普通砖，并参照图 6-1 标注尺寸在墙体上开一个拱门洞。以内建常规模型的方式沿洞口生成装饰门框，门框轮廓材质为樱桃木，样式见图 6-1。

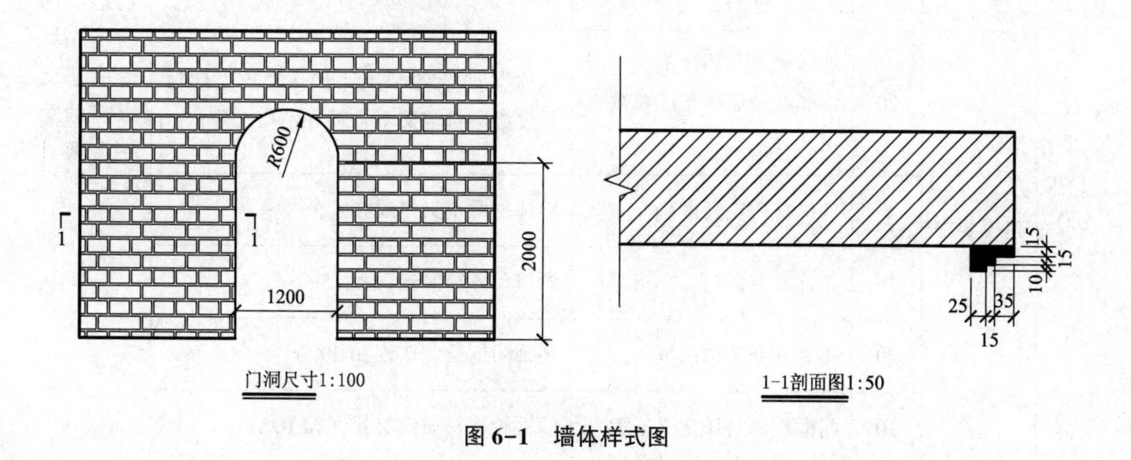

图 6-1　墙体样式图

(2)实施条件。

本题为上机操作，考试地点位于机房，要求计算机安装 AutoCAD 及 Revit 软件，学生一人配备一台计算机，独立完成操作。

(3)考核时量。

2 小时。

(4)评分细则见表 6-1。

表 6-1　评分细则表

<table>
<tr><th colspan="2">评价内容</th><th>配分</th><th>考核点</th><th>扣分标准</th><th>备注</th></tr>
<tr><td colspan="2" rowspan="4">职业素养（20 分）</td><td>5</td><td>检查材料及工具是否齐全，做好工作前准备</td><td>少检查一项扣 2 分，直到扣完该项得分为止</td><td rowspan="12">出现明显失误造成电脑、用具、资料和记录工具严重损坏等；严重违反考场纪律，造成恶劣影响的第一大项计 0 分</td></tr>
<tr><td>5</td><td>严格遵守考场纪律</td><td>有违反考场纪律的行为扣 5 分</td></tr>
<tr><td>5</td><td>有良好的环境保护意识，文明作业</td><td>没有环境保护意识，乱扔纸屑每次扣 2 分，直到扣完该项得分为止</td></tr>
<tr><td>5</td><td>任务完成后，整齐摆放所给材料及工具、凳子，整理工作台面等</td><td>任务完成后，没有整齐摆放所给材料及工具扣 3 分，没有清理场地，没有摆好凳子、整理工作台面扣 2 分</td></tr>
<tr><td rowspan="8">成果（80 分）</td><td rowspan="2">熟练操作 Revit 软件（10 分）</td><td>5</td><td>选择正确的样板文件</td><td>样板文件选择错误扣 5 分</td></tr>
<tr><td>5</td><td>按照要求格式保存文件到指定文件夹</td><td>未按要求保存文件扣 5 分</td></tr>
<tr><td rowspan="6">建模要求（70 分）</td><td>20</td><td>墙体类型、墙体高度、墙体厚度及墙体长度参数自定义合理</td><td>墙体类型、墙体高度、墙体厚度及墙体长度参数自定义不合理分别扣 5 分</td></tr>
<tr><td>5</td><td>墙体材质定义准确</td><td>墙体材质定义错误扣 5 分</td></tr>
<tr><td>15</td><td>正确绘制洞口</td><td>洞口尺寸绘制错误扣 15 分</td></tr>
<tr><td>20</td><td>正确绘制装饰门框</td><td>装饰门框绘制错误扣 20 分</td></tr>
<tr><td>10</td><td>门框轮廓材质定义准确</td><td>门框轮廓材质定义错误扣 10 分</td></tr>
</table>

7. 试题 1-7：BIM 建模

考场号		工位号	
评分人		考核日期	

(1)任务描述。

给定某建筑图纸，考生仔细阅读并理解图纸，使用 Revit 软件完成给定图纸的建筑信息模型的创建，保存到考生文件夹。

创建如图 7-1 的模型：①墙面为厚度 200 mm 的“常规-200 mm 厚墙面”，定位线为“核心层中心线”；②幕墙系统为网格布局 600 mm×1000 mm(横向网格间距为 600 mm，竖向网格间距为 1000 mm)，网格上均设置竖挺，竖挺均为圆形竖挺半径 50 mm；③屋顶为厚度为 400 mm 的“常规-400 mm”屋顶；④楼板为厚度为 150 mm 的“常规-150 mm”楼板，标高 1 至标高 6 上均设置楼板。

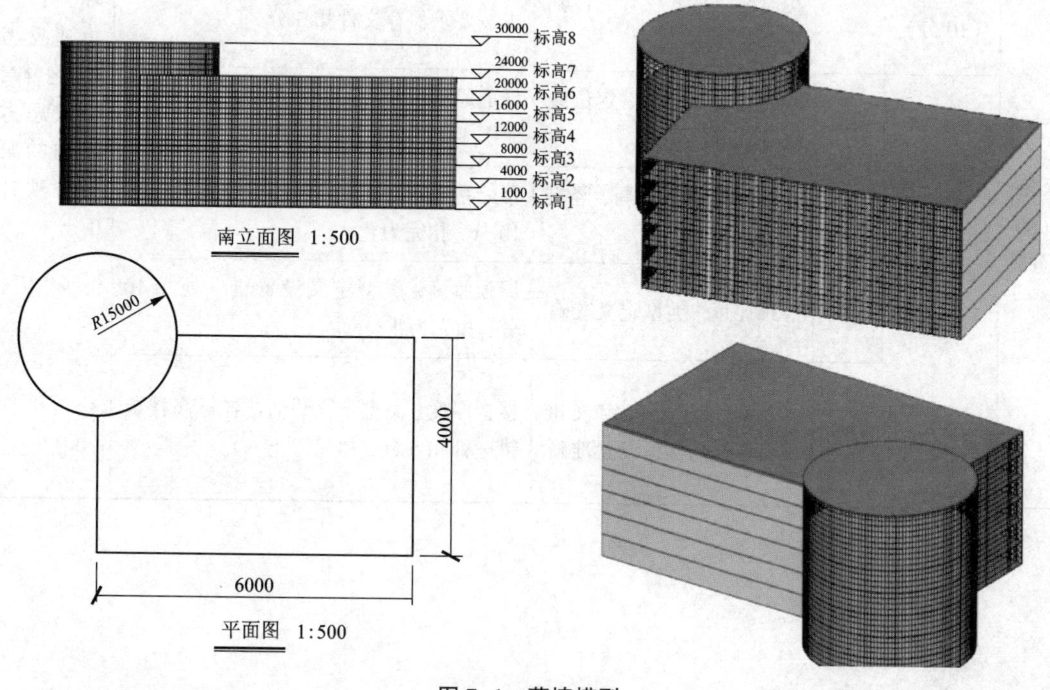

图 7-1 幕墙模型

(2)实施条件。

本题为上机操作，考试地点位于机房，要求计算机安装 AutoCAD 及 Revit 软件，学生一人配备一台计算机，独立完成操作。

(3)考核时量。

2 小时。

(4)评分细则见表 7-1。

表 7-1　评分细则表

<table>
<tr><th colspan="2">评价内容</th><th>配分</th><th>考核点</th><th>扣分标准</th><th>备注</th></tr>
<tr><td colspan="2" rowspan="4">职业素养
（20 分）</td><td>5</td><td>检查材料及工具是否齐全，做好工作前准备</td><td>少检查一项扣 2 分，直到扣完该项得分为止</td><td rowspan="10">出现明显失误造成电脑、用具、资料和记录工具严重损坏等；严重违反考场纪律，造成恶劣影响的第一大项计 0 分</td></tr>
<tr><td>5</td><td>严格遵守考场纪律</td><td>有违反考场纪律的行为扣 5 分</td></tr>
<tr><td>5</td><td>有良好的环境保护意识，文明作业</td><td>没有环境保护意识，乱扔纸屑每次扣 2 分，直到扣完该项得分为止</td></tr>
<tr><td>5</td><td>任务完成后，整齐摆放所给材料及工具、凳子，整理工作台面等</td><td>任务完成后，没有整齐摆放所给材料及工具扣 3 分，没有清理场地，没有摆好凳子、整理工作台面扣 2 分</td></tr>
<tr><td rowspan="6">成果
（80 分）</td><td rowspan="2">熟练操作 Revit 软件
（10 分）</td><td>5</td><td>选择正确的样板文件</td><td>样板文件选择错误扣 5 分</td></tr>
<tr><td>5</td><td>按照要求格式保存文件到指定文件夹</td><td>未按要求保存文件扣 5 分</td></tr>
<tr><td rowspan="4">建模要求
（70 分）</td><td>15</td><td>墙面厚度、类型、定位线设置准确</td><td>墙面厚度、类型、定位线设置错一处扣 5 分，扣完为止</td></tr>
<tr><td>20</td><td>幕墙系统网格布局、竖挺设置准确</td><td>幕墙系统网格布局、竖挺设置错一处扣 10 分，扣完为止</td></tr>
<tr><td>20</td><td>屋顶厚度、类型定义准确</td><td>屋顶厚度、类型定义设置错一处扣 10 分，扣完为止</td></tr>
<tr><td>15</td><td>楼板厚度、类型定义准确，各标高楼板设置准确</td><td>楼板厚度、类型定义设置、各标高楼板错一处扣 5 分，扣完为止</td></tr>
</table>

8. 试题 1-8：BIM 建模

考场号		工位号	
评分人		考核日期	

(1)任务描述。

给定某建筑图纸，考生仔细阅读并理解图纸，使用 Revit 软件完成给定图纸的建筑信息模型的创建，保存到考生文件夹。

创建一个公制常规模型，名称为“玻璃圆桌”；给模型添加 2 个材质参数“桌面材质”“桌柱材质”，设置材质类型分别为“不锈钢”和“玻璃”，具体尺寸如图 8-1 所示。添加名为“桌面半径”的尺寸参数，设置参数为 600，其他尺寸不作参数要求。

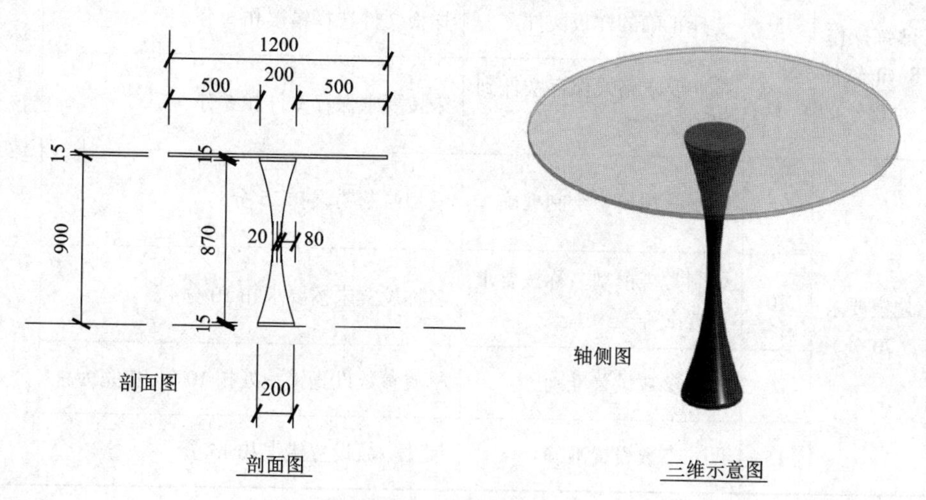

图 8-1 玻璃圆桌

(2)实施条件。

本题为上机操作，考试地点位于机房，要求计算机安装 AutoCAD 及 Revit 软件，学生一人配备一台计算机，独立完成操作。

(3)考核时量。

2 小时。

(4)评分细则见表 8-1。

表 8-1　评分细则表

<table>
<tr><th colspan="2">评价内容</th><th>配分</th><th>考核点</th><th>扣分标准</th><th>备注</th></tr>
<tr><td colspan="2" rowspan="4">职业素养
（20 分）</td><td>5</td><td>检查材料及工具是否齐全，做好工作前准备</td><td>少检查一项扣 2 分，直到扣完该项得分为止</td><td rowspan="10">出现明显失误造成电脑、用具、资料和记录工具严重损坏等；严重违反考场纪律，造成恶劣影响的第一大项计 0 分</td></tr>
<tr><td>5</td><td>严格遵守考场纪律</td><td>有违反考场纪律的行为扣 5 分</td></tr>
<tr><td>5</td><td>有良好的环境保护意识，文明作业</td><td>没有环境保护意识，乱扔纸屑每次扣 2 分，直到扣完该项得分为止</td></tr>
<tr><td>5</td><td>任务完成后，整齐摆放所给材料及工具、凳子，整理工作台面等</td><td>任务完成后，没有整齐摆放所给材料及工具扣 3 分，没有清理场地，没有摆好凳子、整理工作台面扣 2 分</td></tr>
<tr><td rowspan="6">成果
（80 分）</td><td rowspan="2">熟练操作 Revit 软件
（10 分）</td><td>5</td><td>选择正确的样板文件</td><td>样板文件选择错误扣 5 分</td></tr>
<tr><td>5</td><td>按照要求格式保存文件到指定文件夹</td><td>未按要求保存文件扣 5 分</td></tr>
<tr><td rowspan="4">建模要求
（70 分）</td><td>25</td><td>公制常规模型绘制准确</td><td>模型绘制错误扣 25 分</td></tr>
<tr><td>10</td><td>公制常规模型名称按要求设置准确</td><td>名称设置未按要求扣 10 分</td></tr>
<tr><td>20</td><td>材质参数设置准确</td><td>材质参数设置错一处扣 10 分，扣完为止</td></tr>
<tr><td>15</td><td>尺寸参数设置准确</td><td>尺寸参数设置错误扣 15 分</td></tr>
</table>

9. 试题 1-9：BIM 建模

考场号		工位号	
评分人		考核日期	

（1）任务描述。

给定某建筑屋顶平、立、剖面图纸，考生仔细阅读并理解图纸，使用 Revit 软件完成给定图纸的建筑信息模型的创建，文件以 rvt 格式保存到考试文件夹。

①按照图 9-1 的平、立面绘制屋顶，屋顶板厚均为 400 mm，其他建模所需尺寸可参考平、立面图自定义，结果以“屋顶”为文件名保存。

②按照图 9-2 的楼梯平、剖面图，创建楼梯模型，并参照平面图在所示位置建立楼梯剖面模型，栏杆高度为 1100 mm，栏杆样式不限，结果以“楼梯”为文件名保存。其他建模所需尺寸可参考给定的平、剖面图自定义。

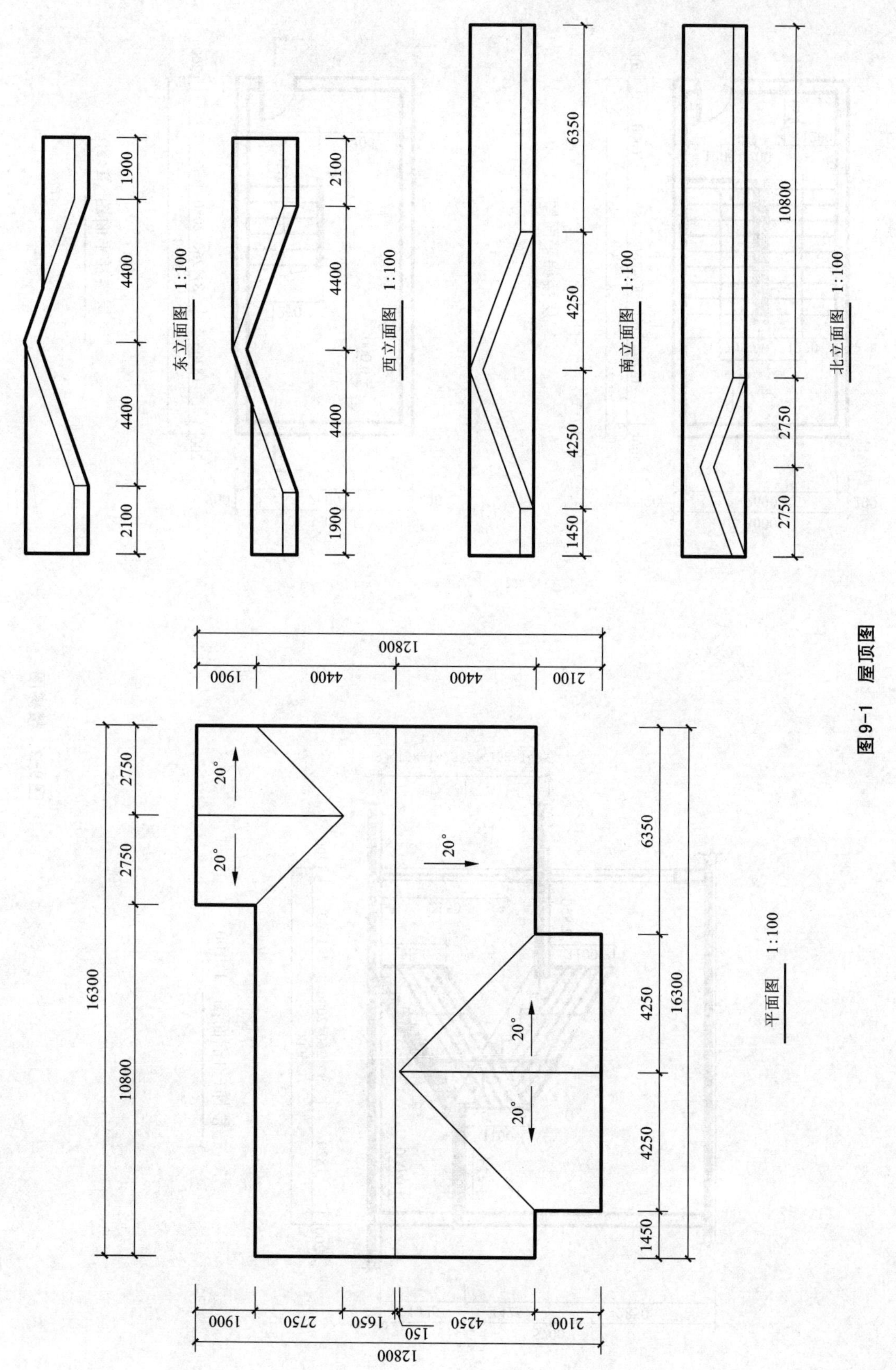
东立面图 1:100
1900
4400
4400
2100
西立面图 1:100
2100
4400
4400
1900
南立面图 1:100
6350
4250
4250
1450
北立面图 1:100
10800
2750
2750
平面图 1:100
16300
10800
2750
2750
6350
4250
4250
1450
16300
20°
20°
20°
20°
20°
12800
1900
4400
4400
2100
1900
2750
1650
150
4250
2100
12800

图9-1 屋顶图

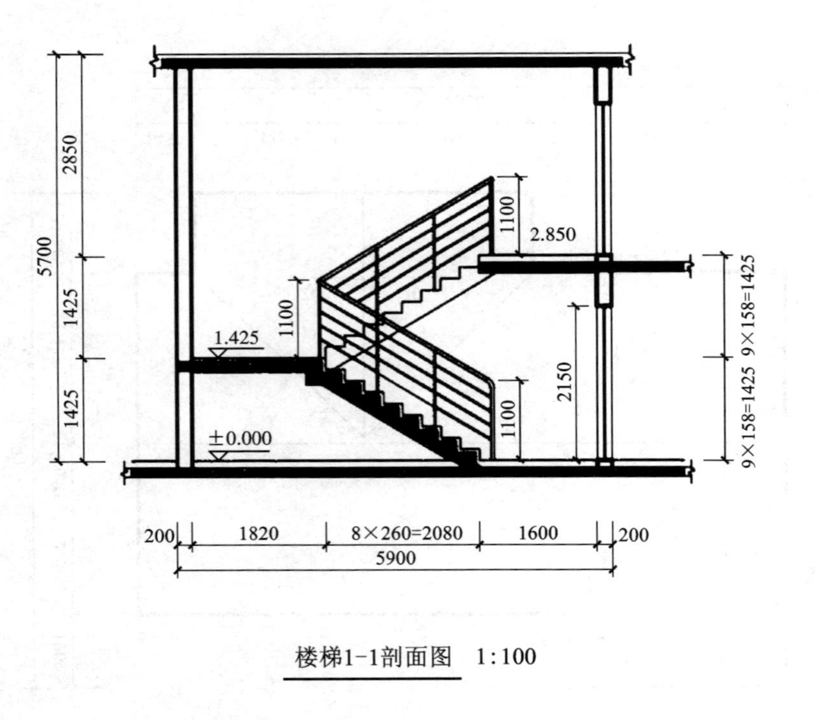

楼梯1-1剖面图　1:100

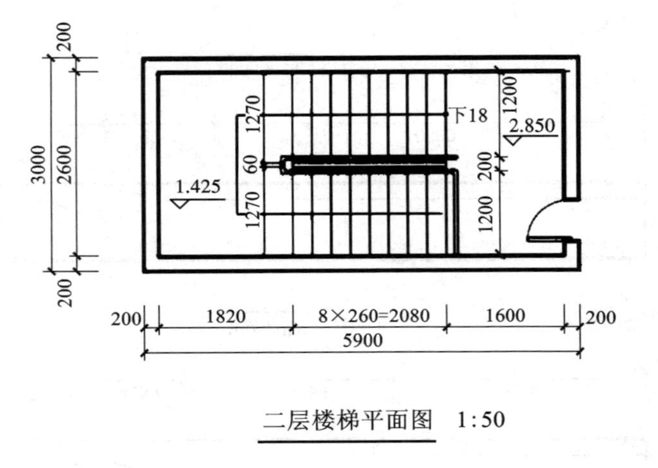

二层楼梯平面图　1:50

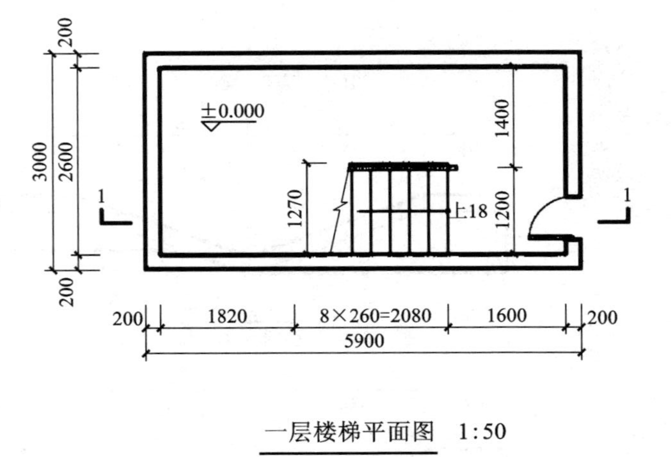

一层楼梯平面图　1:50

图9-2　楼梯图

(2)实施条件。

本题为上机操作，考试地点位于机房，要求计算机安装 AutoCAD 及 Revit 软件，学生一人配备一台计算机，独立完成操作。

(3)考核时量。

3 小时。

(4)评分细则见表 9-1。

表 9-1 评分细则表

<table>
<tr><th colspan="2">评价内容</th><th>配分</th><th>考核点</th><th>扣分标准</th><th>备注</th></tr>
<tr><td colspan="2" rowspan="4">职业素养
(20 分)</td><td>5</td><td>检查材料及工具是否齐全，做好工作前准备</td><td>少检查一项扣 2 分，直到扣完该项得分为止</td><td rowspan="12">出现明显失误造成电脑、用具、资料和记录工具严重损坏等；严重违反考场纪律，造成恶劣影响的第一大项计 0 分</td></tr>
<tr><td>5</td><td>严格遵守考场纪律</td><td>有违反考场纪律的行为扣 5 分</td></tr>
<tr><td>5</td><td>有良好的环境保护意识，文明作业</td><td>没有环境保护意识，乱扔纸屑每次扣 2 分，直到扣完该项得分为止</td></tr>
<tr><td>5</td><td>任务完成后，整齐摆放所给材料及工具、凳子，整理工作台面等</td><td>任务完成后，没有整齐摆放所给材料及工具扣 3 分，没有清理场地，没有摆好凳子、整理工作台面扣 2 分</td></tr>
<tr><td rowspan="8">成果
(80 分)</td><td rowspan="2">熟练操作 Revit 软件
(10 分)</td><td>5</td><td>选择正确的样板文件</td><td>样板文件选择错误扣 5 分</td></tr>
<tr><td>5</td><td>按照要求格式保存文件到指定文件夹</td><td>未按要求保存文件扣 5 分</td></tr>
<tr><td rowspan="6">建模要求
(70 分)</td><td>15</td><td>屋面整体形式与图纸一致</td><td>屋面整体形式与图纸不一致扣 15 分</td></tr>
<tr><td>10</td><td>屋面尺寸设置准确</td><td>屋面尺寸设置错一处扣 2 分，扣完为止</td></tr>
<tr><td>10</td><td>屋面坡度设置准确</td><td>屋面坡度设置错一处扣 2 分，扣完为止</td></tr>
<tr><td>10</td><td>楼梯位置、尺寸设置准确</td><td>楼梯位置、尺寸设置错一处扣 2 分，扣完为止</td></tr>
<tr><td>15</td><td>踏步数量、尺寸设置与图纸一致</td><td>踏步数量、尺寸设置错一处扣 3 分，扣完为止</td></tr>
<tr><td>10</td><td>栏杆高度设置准确、绘制准确</td><td>栏杆高度设置错误扣 5 分，绘制错误扣 5 分</td></tr>
</table>

10. 试题 1-10：BIM 建模

考场号		工位号	
评分人		考核日期	

（1）任务描述。

给定图纸及题目，考生仔细阅读并理解题目，使用 Revit 软件完成给定图纸的族和体量的创建；保存到考生文件夹。

根据图 10-1 中给定的投影尺寸，创建形体体量模型，基础底标高为-2.1 m，设置该模型材质为混凝土。模型文件以“杯形基础”为文件名保存到文件夹中。

（2）实施条件。

本题为上机操作，考试地点位于机房，要求计算机安装 AutoCAD 及 Revit 软件，学生一人配备一台计算机，独立完成操作。

（3）考核时量。

2 小时。

（4）评分细则见表 10-1。

表 10-1　评分细则表

<table>
<tr><th colspan="2">评价内容</th><th>配分</th><th>考核点</th><th>扣分标准</th><th>备注</th></tr>
<tr><td colspan="2" rowspan="4">职业素养
（20 分）</td><td>5</td><td>检查材料及工具是否齐全，做好工作前准备</td><td>少检查一项扣 2 分，直到扣完该项得分为止</td><td rowspan="9">出现明显失误造成电脑、用具、资料和记录工具严重损坏等；严重违反考场纪律，造成恶劣影响的第一大项计 0 分</td></tr>
<tr><td>5</td><td>严格遵守考场纪律</td><td>有违反考场纪律的行为扣 5 分</td></tr>
<tr><td>5</td><td>有良好的环境保护意识，文明作业</td><td>没有环境保护意识，乱扔纸屑每次扣 2 分，直到扣完该项得分为止</td></tr>
<tr><td>5</td><td>任务完成后，整齐摆放所给材料及工具、凳子，整理工作台面等</td><td>任务完成后，没有整齐摆放所给材料及工具扣 3 分，没有清理场地，没有摆好凳子、整理工作台面扣 2 分</td></tr>
<tr><td rowspan="5">成果
（80 分）</td><td rowspan="2">熟练操作 Revit 软件
（10 分）</td><td>5</td><td>选择正确的样板文件</td><td>样板文件选择错误扣 5 分</td></tr>
<tr><td>5</td><td>按照要求格式保存文件到指定文件夹</td><td>未按要求保存文件扣 5 分</td></tr>
<tr><td rowspan="3">建模要求
（70 分）</td><td>20</td><td>杯形基础体量建模绘制准确</td><td>杯形基础体量建模绘制错误 20 分</td></tr>
<tr><td>40</td><td>杯形基础体量模型投影尺寸设置正确</td><td>杯形基础体量模型投影尺寸设置错误一处扣 5 分，扣完为止</td></tr>
<tr><td>10</td><td>模型材质设置准确</td><td>模型材质设置错误扣 10 分</td></tr>
</table>

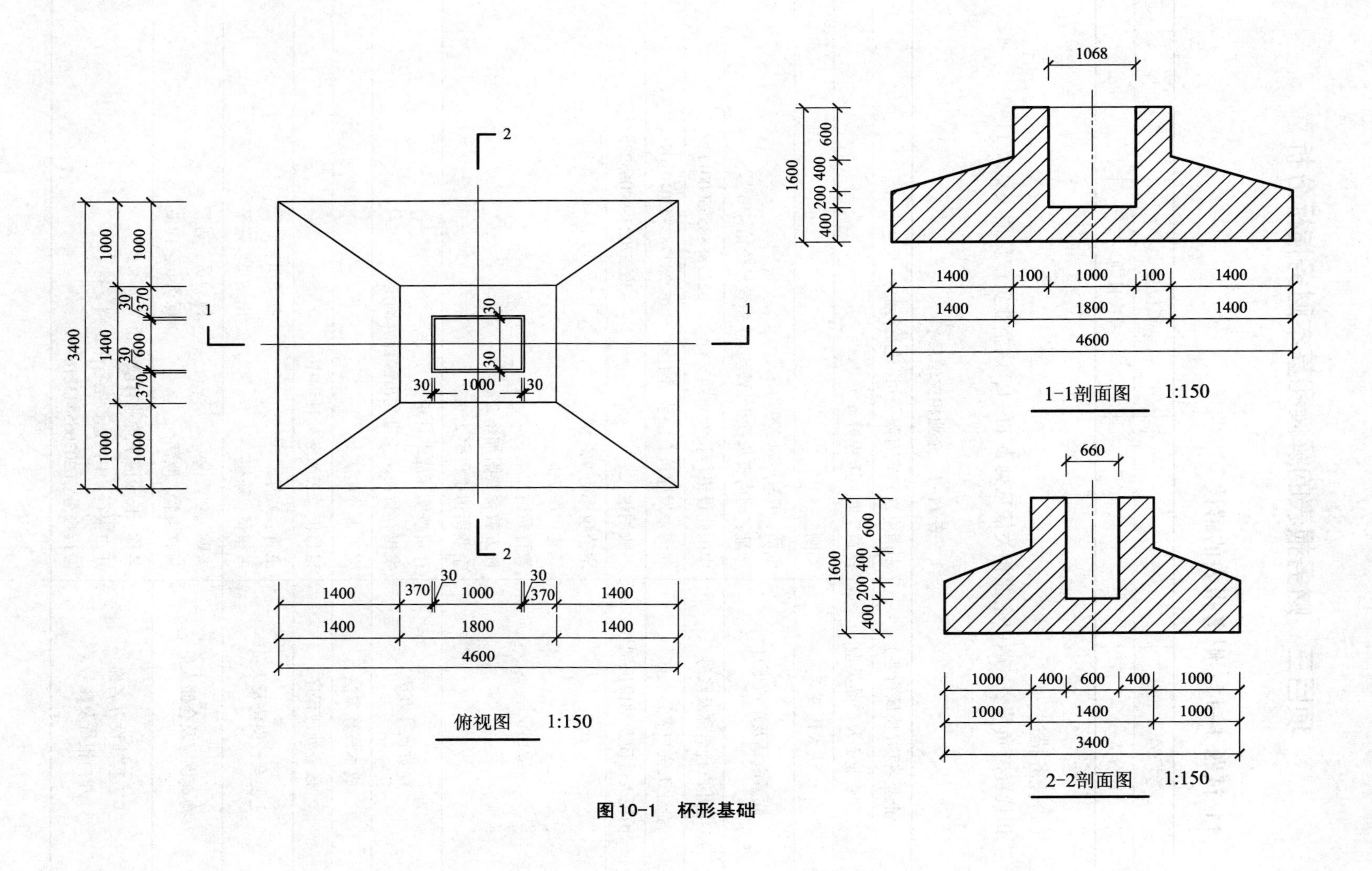
1068
1600
600
400
200
400
1400 100 1000 100 1400
1400 1800 1400
4600
1-1剖面图 1:150
660
1000 400 600 400 1000
1000 1400 1000
3400
2-2剖面图 1:150
3400
1000
1400
370
30
600
1400 370 30 1000 30 370 1400
1400 1800 1400
4600
俯视图 1:150

图10-1 杯形基础

项目三　财务报表的解读和基本财务指标分析

11. 试题 1-11：财务报表的解读

考场号		工位号	
评分人		考核日期	

(1)任务描述。

识读资产负债表。题中企业相关信息见表 11-1，该企业资产负债表见表 11-2。

表 11-1　企业相关信息

企业名称(所属行业)	湖南中发建筑有限公司(建筑行业)
主要业务及产品类型	建筑工程、工程劳务等
法人代表	刘刚
联系电话及单位地址	电话：0731-88642420 地址：湖南省长沙市岳麓区洋湖壹号公馆 416 号
开户行名称及账号	中国建设银行长沙洋湖支行　　62278888555000111
企业工资户名称及账号	湖南中发建筑有限公司工资户　62287788342010109
纳税人性质及纳税识别号	一般纳税人　　430357027894065235
适用税率	增值税率为 9% 城建税率 7% 教育费附加率 3% 地方教育费附加率 2% 企业所得税税率 25%
存货核算方法	存货按实际成本计价核算 发出存货使用先进先出法计算确定
成本核算方法	完工百分比法
账务处理程序	科目汇总表账务处理程序
主要会计岗位及人员	主管：吴芳　　制单员：刘云 审核员：陈超　　出纳员：张平
物资供应及仓储人员	采购员：黄俊　　检验员：刘芳 验收主管：熊伟　　保管员：向波
工程建设方名称 开户银行及账号	名称：长沙禧荣置业有限公司 开户银行：中国建设银行中山路支行 银行账号：6203665443216709

表 11-2　资产负债表

编制单位：湖南中发建筑有限公司　　2019　年 5 月 30 日　　单位：元

资产	期末余额	年初余额	负债及所有者权益	期末余额	年初余额
流动资产：		略	流动负债：		略
货币资金	4058500.00		短期借款		
以公允价值计量且其变动计入当期损益的金融资产			以公允价值计量且其变动计入当期损益的金融负债		
衍生金融资产			衍生金融负债		
应收票据及应收账款	2398000.00		应付票据及应付账款		
预付款项			预收账款		
其他应收款			应付职工薪酬	215000.00	
存货	4160000.00		应交税费	-205000.00	
持有待售资产			其他应付款		
一年内到期的非流资产			持有待售负债		
其他流动资产			一年内到期的非流动负债		
流动资产合计	10616500.00		其他流动负债		
非流动资产：			流动负债合计	10000.00	
可供出售金融资产			非流动负债：		
持有至到期投资			长期借款		
长期应收款			应付债券		
长期股权投资			其中：优先股		
投资性房地产			永续债		
固定资产	3693500.00		长期应付款		
在建工程			专项应付款		
生产性生物资产			预计负债		
油气资产			递延收益		
无形资产			递延所得税负债		
开发支出			其他非流动负债		
商誉			非流动负债合计		
长期待摊费用			负债合计	10000.00	
递延所得税资产			所有者权益：		
其他非流动资产			实收资本	13200000.00	
非流动资产合计	3693500.00		资本公积	400000.00	

续表11-2

资产	期末余额	年初余额	负债及所有者权益	期末余额	年初余额
			减：库存股		
			其他综合收益		
			盈余公积		
			未分配利润	700000.00	
			所有者权益合计	14300000.00	
资产总计	14310000.00		负债和所有者权益总计	14310000.00	

问题一：该公司2019年5月份资产为多少？负债和所有者权益为多少？

问题二：试着简要回答资产、负债、所有者权益的关系。

(2)实施条件。

场地：普通教室。

材料：答题纸、订书机。

(3)考核时量。

1小时。

(4)评分细则。

技能考核项目的评价包括职业素养、成果两个方面，其中，职业素养占该项目总分的20%，成果占该项目总分的80%，评分细则表见表11-3。职业素养、成果两项考核均需合格，总成绩才能评定为合格。

表11-3 评分细则表

<table>
<tr><th colspan="2">评价内容</th><th>配分</th><th>考核点</th><th>扣分标准</th><th>备注</th></tr>
<tr><td colspan="2" rowspan="4">职业素养(20分)</td><td>4</td><td>检查试题册、答题纸、答题工具等是否齐全，做好工作前准备</td><td>少检查一项扣2分，扣完该项得分为止</td><td rowspan="7">出现明显失误造成图纸、工具书、资料和记录工具严重损坏等；严重违反考场纪律，造成恶劣影响的第一大项计0分</td></tr>
<tr><td>4</td><td>文字、计算过程应字迹工整、填写规范</td><td>文字潦草扣2分，计算过程不规范扣2分</td></tr>
<tr><td>6</td><td>遵守考场纪律，维护考场良好环境，文明作答</td><td>乱扔纸屑、考场喧哗、睡觉每次扣2分，扣完该项得分为止</td></tr>
<tr><td>6</td><td>任务完成后，整齐摆放并按监考老师要求提交试题册、答题纸、草稿纸，整理桌椅等</td><td>未配合监考老师要求提交完整考核资料扣4分，没有清理场地、整理好桌椅扣2分</td></tr>
<tr><td rowspan="3">成果(80分)</td><td rowspan="2">问题一</td><td>20</td><td>资产金额计算准确</td><td>错误扣20分</td></tr>
<tr><td>30</td><td>负债和所有者权益金额计算准确</td><td>错误扣30分</td></tr>
<tr><td>问题二</td><td>30</td><td>会计等式回答正确</td><td>错误扣30分</td></tr>
</table>

12. 试题 1-12：基本财务指标分析

考场号		工位号	
评分人		考核日期	

(1)任务描述。

熟悉财务的利润指标，根据业务资料正确计算各项利润。题中企业相关信息见表 12-1，该企业 2019 年 8 月损益类科目累计发生净值统计见表 12-2。

表 12-1　企业相关信息表

企业名称(所属行业)	湖南东方红建筑有限责任公司(建筑施工企业)
主要业务及产品类型	土木建筑施工、设备安装工程、装饰装修工程等
单位地址	长沙市天心大道 898 号
联系电话	0731-81777888
法人代表	张星星
开户行及账号	长沙市工商银行开福路支行 4467055506660088088
纳税人登记号	430011555666777799
适用税率	增值税税率为 9%、城建税率 7%、教育费附加 3%、地方教育费附加 2%、企业所得税税率 25%
存货核算方法	存货采用实际成本计价核算，存货发出成本采用先进先出法
固定资产折旧方法	平均年限法，不考虑残值
无形资产摊销方法	直线法
坏账准备计提方法	应收账款余额百分比法，计提比例 5‰
主要会计岗位及人员	会计主管：王静　审核：黄丽　制单：李强 记账：王明　出纳：张英
其他	会计核算采用记账凭证账务处理程序

表 12-2　2019 年 8 月损益类科目累计发生净值　　单元：元

科目名称	借方发生额	贷方发生额
营业收入		2680000.00
营业成本	2000000.00	
税金及附加		
管理费用	8150.00	
财务费用	34167.00	
资产减值损失		

续表12-2

科目名称	借方发生额	贷方发生额
投资净收益		
营业外收入		
营业外支出		30000.00
所得税费用	151920.75	

问题一：计算湖南东方红建筑有限责任公司 2019 年 8 月营业利润、利润总额。

问题二：计算湖南东方红建筑有限责任公司 2019 年 8 月净利润。

(2)实施条件。

场地：普通教室。

材料：答题纸、订书机。

(3)考核时量。

1 小时。

((4)评分细则。

技能考核项目的评价包括职业素养、成果两个方面，其中，职业素养与操作规范占该项目总分的 20%，作品占该项目总分的 80%，评分细则表见表 12-3。职业素养、成果两项考核均需合格，总成绩才能评定为合格。

表 12-3　评分细则表

<table>
<tr><th colspan="2">评价内容</th><th>配分</th><th>考核点</th><th>扣分标准</th><th>备注</th></tr>
<tr><td colspan="2" rowspan="4">职业素养
(20 分)</td><td>4</td><td>检查试题册、答题纸、答题工具等是否齐全，做好工作前准备</td><td>少检查一项扣 2 分，扣完该项得分为止</td><td rowspan="6">出现明显失误造成图纸、工具书、资料和记录工具严重损坏等；严重违反考场纪律，造成恶劣影响的第一大项计 0 分</td></tr>
<tr><td>4</td><td>文字、计算过程应字迹工整、填写规范</td><td>文字潦草扣 2 分，计算过程不规范扣 2 分</td></tr>
<tr><td>6</td><td>遵守考场纪律，维护考场良好环境，文明作答</td><td>乱扔纸屑、考场喧哗、睡觉每次扣 2 分，扣完该项得分为止</td></tr>
<tr><td>6</td><td>任务完成后，整齐摆放并按监考老师要求提交试题册、答题纸、草稿纸，整理桌椅等</td><td>未配合监考老师要求提交完整考核资料扣 4 分，没有清理场地、整理好桌椅扣 2 分</td></tr>
<tr><td rowspan="2">成果
(80 分)</td><td>问题一</td><td>40</td><td>营业利润、利润总额计算准确</td><td>营业利润计算过程错误扣 30 分，结果计算错误扣 5 分；利润总额计算过程错误扣 10 分，结果计算错误扣 5 分</td></tr>
<tr><td>问题二</td><td>40</td><td>净利润计算准确</td><td>计算过程错误扣 40 分，结果计算错误扣 5 分</td></tr>
</table>

二、岗位核心技能模块

项目四　定额人、材、机消耗量的确定

13. 试题 2-1：定额人、材、机消耗量的确定

考场号		工位号	
评分人		考核日期	

(1)任务描述。

砌筑一砖半标准砖墙的技术测定资料如下：

①砌筑 1 m^3 的砖砌体所需基本工作时间 15.5 h，辅助工作时间占工作班延续时间的 3%，准备与结束工作时间占 3%，不可避免中断时间占 2%，休息时间占 16%，人工幅度差系数为 10%，超距离运砖每千块需耗时 2.5 h。

②砖墙采用 M5 水泥砂浆砌筑，梁头、板头和窗台虎头砖分别占墙体积的百分比为 0.52%、2.29%、1.13%，砖和砂浆的损耗率为 1%，砌筑 1 m^3 砌体需消耗水 0.8 m^3，其他材料占上述材料费的 3%。

③砂浆采用 400 L 搅拌机现场搅拌，运料需时 200 s，装料 50 s，搅拌 80 s，卸料 30 s，不可避免中断 10 s，交叠时间 170 s，机械利用系数 0.8，幅度差系数为 15%。

④人工市场单价为 100 元/工日、基价为 70 元/工日，M5 水泥砂浆单价为 145 元/m^3，标准砖 507.79 元/千块，水 3.9 元/m^3，400 L 砂浆搅拌机台班 129 元/台班。

根据上述资料计算确定砌筑 1 m^3 砖墙的预算定额消耗量指标和定额基价，并填写表 13-1。(计算过程写在另外的答题纸上。)

表 13-1　砖墙砌筑预算定额项目表

工作内容：调、运、铺砂浆，运、砌砖，包括砌窗台虎头砖、门窗套等　　单位：m^3

定额编号				A3-11
项　目				砖墙墙厚
				1.5 砖
名　称		单位	单价	数量
基　价		元	—	
其中	人工费	元	—	
	材料费	元	—	
	机械费	元	—	
综合人工				
材料	砖(240 mm×115 mm×53 mm)			
	M5 水泥砂浆			
	水			
	其他材料费			
机械	400 L 搅拌机			

(2)实施条件。

场地：普通教室。

材料：答题纸、草稿纸。

(3)考核时量。

2 小时。

(4)评分细则见表 13-2。

表 13-2 评分细则表

<table>
<tr><th colspan="2">评价内容</th><th>配分</th><th>考核点</th><th>扣分标准</th><th>备注</th></tr>
<tr><td colspan="2" rowspan="4">职业素养
（20 分）</td><td>4</td><td>检查试题册、答题纸、答题工具等是否齐全，做好工作前准备</td><td>少检查一项扣 2 分，扣完该项得分为止</td><td rowspan="9">出现明显失误造成图纸、工具书、资料和记录工具严重损坏等；严重违反考场纪律，造成恶劣影响的第一大项计 0 分</td></tr>
<tr><td>4</td><td>文字、计算过程应字迹工整、填写规范</td><td>文字潦草扣 2 分，计算过程不规范扣 2 分</td></tr>
<tr><td>6</td><td>遵守考场纪律，维护考场良好环境，文明作答</td><td>乱扔纸屑、考场喧哗、睡觉每次扣 2 分，扣完该项得分为止</td></tr>
<tr><td>6</td><td>任务完成后，整齐摆放并按监考老师要求提交试题册、答题纸、草稿纸，整理桌椅等</td><td>未配合监考老师要求提交完整考核资料扣 4 分，没有清理场地、整理好桌椅扣 2 分</td></tr>
<tr><td rowspan="5">成果
（80 分）</td><td>人工消耗量指标</td><td>15</td><td>基本用工、辅助用工、超运距用工、人工幅度差，定额人工消耗量列式，计算准确</td><td>计算过程错误或漏计扣 3 分/处，结果计算错误扣 1 分/处，扣完该项得分为止</td></tr>
<tr><td>材料消耗量指标</td><td>15</td><td>砖与砂浆的净用量和消耗量、水的消耗量列式，计算准确</td><td>计算过程错误或漏计扣 3 分/处，结果计算错误扣 1 分/处，扣完该项得分为止</td></tr>
<tr><td>机械台班消耗量指标</td><td>16</td><td>施工机械的循环时间及工作次数、纯工作一小时生产率、机械台班产量定额、机械幅度差及机械台班消耗量列式，计算准确</td><td>计算过程错误或漏计扣 3 分/处，结果计算错误扣 1 分/处，扣完该项得分为止</td></tr>
<tr><td>定额基价</td><td>12</td><td>人工费、材料费、机械费、定额基价列式，计算准确</td><td>计算过程错误或漏计扣 3 分/处，结果计算错误扣 1 分/处，扣完该项得分为止</td></tr>
<tr><td>定额项目表的填制</td><td>22</td><td>定额项目指标表中的空缺内容填写准确</td><td>填错或漏填扣 1 分/处，扣完为止</td></tr>
</table>

注：计算过程错误扣分中，包含计算结果错误，不重复扣分，后文评分细则中均按此规则执行。

14. 试题 2-2：定额人、材、机消耗量的确定

考场号		工位号	
评分人		考核日期	

(1)任务描述。

问题一：计算砌筑 1 m^3 一砖厚灰砂砖墙(尺寸为 240 mm×115 mm×53 mm)的砖和砂浆的净用量与总消耗量，标准砖、砂浆的损耗率均为 1.5%。

问题二：用水泥砂浆贴 450 mm×450 mm×10 mm 厚大理石地面，结合层 50 mm 厚，灰缝 1 mm 宽，大理石损耗率 3%，砂浆损耗率 1.7%，计算每 100 m^2 地面的大理石和砂浆总消耗量。

问题三：某框架结构填充墙采用砼空心砌块砌筑，砌块尺寸 390 mm×190 mm×190 mm，墙厚 190 mm，砌块损耗率为 1%，砂浆灰缝 10 mm，砂浆损耗率为 1.5%。求 1 m^3 厚度为 190 mm 的墙体砌块净用量与消耗量和砂浆消耗量。

(计算过程写在另外的答题纸上。)

(2)实施条件。

场地：普通教室。

材料：答题纸、草稿纸。

(3)考核时量。

2 小时。

(4)评分细则见表 14-1。

表 14-1　评分细则表

<table>
<tr><th colspan="2">评价内容</th><th>配分</th><th>考核点</th><th>扣分标准</th><th>备注</th></tr>
<tr><td colspan="2" rowspan="4">职业素养
(20 分)</td><td>4</td><td>检查试题册、答题纸、答题工具等是否齐全，做好工作前准备</td><td>少检查一项扣 2 分，扣完该项得分为止</td><td rowspan="7">出现明显失误造成图纸、工具书、资料和记录工具严重损坏等；严重违反考场纪律，造成恶劣影响的第一大项计 0 分</td></tr>
<tr><td>4</td><td>文字、计算过程应字迹工整、填写规范</td><td>文字潦草扣 2 分，计算过程不规范扣 2 分</td></tr>
<tr><td>6</td><td>遵守考场纪律，维护考场良好环境，文明作答</td><td>乱扔纸屑、考场喧哗、睡觉每次扣 2 分，扣完该项得分为止</td></tr>
<tr><td>6</td><td>任务完成后，整齐摆放并按监考老师要求提交试题册、答题纸、草稿纸，整理桌椅等</td><td>未配合监考老师要求提交完整考核资料扣 4 分，没有清理场地、整理好桌椅扣 2 分</td></tr>
<tr><td rowspan="3">成果
(80 分)</td><td>问题一</td><td>24</td><td>砖的净用量和消耗量、砂浆的净用量和消耗量列式，计算准确</td><td>计算过程错误或漏计扣 6 分/处，结果计算错误扣 2 分/处，扣完该项得分为止</td></tr>
<tr><td>问题二</td><td>24</td><td>大理石净用量和消耗量、砂浆净用量和消耗量列式，计算准确</td><td>计算过程错误或漏计扣 6 分/处，结果计算错误扣 2 分/处，扣完该项得分为止</td></tr>
<tr><td>问题三</td><td>32</td><td>砌块的净用量和消耗量、砂浆的净用量和消耗量列式，计算准确</td><td>计算过程错误或漏计扣 8 分/处，结果计算错误扣 2 分/处，扣完该项得分为止</td></tr>
</table>

项目五 定额的套用

15. 试题 2-3：定额的套用

考场号		工位号	
评分人		考核日期	

(1)任务描述。

有关生产要素的市场价格：人工 100 元/工日，标准砖 507.79 元/千块，水 3.9 元/m^3，电 0.906 元/度，32.5 级水泥 0.47 元/千克，中净砂 253.07 元/m^3，石灰膏 172 元/m^3。

问题一：计算 10 m^3 混水砖墙(1 砖厚，M2.5 水泥混合砂浆砌筑)的综合人工、材料、机械的消耗量。

问题二：计算 200 m^3混水砖墙(1 砖厚，M7.5 水泥混合砂浆砌筑)的综合人工、材料、机械的消耗量。

问题三：计算 300 m^3混水砖墙(1 砖厚，M7.5 水泥混合砂浆砌筑)中的人工费、材料费、机械费。

(计算过程写在另外的答题纸上。)

(2)实施条件。

场地：普通教室。

材料：答题纸、草稿纸。

参考资料：《湖南省房屋建筑与装饰工程消耗量标准》(2020)、《湖南省建设工程计价办法》(湘建价〔2020〕56 号)及其附录。

(3)考核时量。

2 小时。

(4)评分细则见表 15-1。

表 15-1　评分细则表

评价内容		配分	考核点	扣分标准	备注
职业素养（20分）		4	检查试题册、答题纸、答题工具等是否齐全，做好工作前准备	少检查一项扣2分，扣完该项得分为止	出现明显失误造成图纸、工具书、资料和记录工具严重损坏等；严重违反考场纪律，造成恶劣影响的第一大项计0分
		4	文字、计算过程应字迹工整、填写规范	文字潦草扣2分，计算过程不规范扣2分	
		6	遵守考场纪律，维护考场良好环境，文明作答	乱扔纸屑、考场喧哗、睡觉每次扣2分，扣完该项得分为止	
		6	任务完成后，整齐摆放并按监考老师要求提交试题册、答题纸、草稿纸，整理桌椅等	未配合监考老师要求提交完整考核资料扣4分，没有清理场地、整理好桌椅扣2分	
成果（80分）	问题一	24	人工消耗量、材料消耗量和机械台班消耗量列项完整，计算准确	漏列或计错一处扣8分，直到扣完该项得分为止	
	问题二	24	人工消耗量、材料消耗量和机械台班消耗量列项完整，计算准确	漏列或计错一处扣8分，直到扣完该项得分为止	
	问题三	32	人工费、材料费和机械台班费用列项完整，计算准确	人工漏列或计错扣8分；材料漏列或计错扣16分；机械漏列或计错扣8分	

16. 试题 2-4：定额的套用

考场号		工位号	
评分人		考核日期	

(1)任务描述。

套用定额，计算换算后的定额基价。

问题一：某工程采用 M10 现拌混合砂浆(水泥 42.5 级)砌筑砖基础，试根据《湖南省房屋建筑与装饰工程消耗量标准》(2020)、《湖南省建设工程计价办法》(湘建价〔2020〕56 号)及其附录，确定其消耗量标准基价。

问题二：某地面装饰工程，采用带嵌条的水磨石地面，厚 20 mm，试根据《湖南省房屋建筑与装饰工程消耗量标准》(2020)，确定其消耗量标准基价。

问题三：某工程的房心土回填，回填材料为砂砾石，试根据《湖南省房屋建筑与装饰工程消耗量标准》(2020)，确定其消耗量标准基价。

(2)实施条件。

场地：普通教室。

材料：答题纸、草稿纸。

参考资料：《湖南省房屋建筑与装饰工程消耗量标准》(2020)、《湖南省建设工程计价办法》(湘建价〔2020〕56 号)及其附录。

(3)考核时量。

2 小时。

(4)评分细则见表 16-1。

表 16-1　评分细则表

评价内容		配分	考核点	扣分标准	备注
职业素养（20 分）		4	检查试题册、答题纸、答题工具等是否齐全，做好工作前准备	少检查一项扣 2 分，扣完该项得分为止	出现明显失误造成图纸、工具书、资料和记录工具严重损坏等；严重违反考场纪律，造成恶劣影响的第一大项计 0 分
		4	文字、计算过程应字迹工整、填写规范	文字潦草扣 2 分，计算过程不规范扣 2 分	
		6	遵守考场纪律，维护考场良好环境，文明作答	乱扔纸屑、考场喧哗、睡觉每次扣 2 分，扣完该项得分为止	
		6	任务完成后，整齐摆放并按监考老师要求提交试题册、答题纸、草稿纸，整理桌椅等	未配合监考老师要求提交完整考核资料扣 4 分，没有清理场地、整理好桌椅扣 2 分	
成果（80 分）	问题一	30	换算后的基价列式、计算结果准确	列式正确结果错误扣 5 分；列式结果均错误不得分	
	问题二	25	换算后的基价列式、计算结果准确	列式正确结果错误扣 5 分；列式结果均错误不得分	
	问题二	25	换算后的基价列式、计算结果准确	列式正确结果错误扣 5 分；列式结果均错误不得分	

项目六　人、材、机单价的确定

17. 试题 2-5：人、材、机单价的确定

考场号		工位号	
评分人		考核日期	

(1)任务描述。

背景资料：

①湖南省某地区测算的人工市场日工资标准如下：建筑企业生产工人计时工资 55 元/工日，奖金 5 元/工日，津贴补贴 10 元/工日，加班工资 5 元/工日，特殊情况下支付的工资按 20%比例计提，五险一金 15 元/工日。

②该地某工程楼地面使用的陶瓷地面砖(200 mm×200 mm)购买数量及费用资料见表 17-1，其运输损耗率为 2%，采购保管费费率 2.5%。

表 17-1　陶瓷地面砖采购表

货源地	数量/块	买价/(元·块$^{-1}$)	运距/km	运输单价/(元·km^{-1}·m^{2})	装卸费/(元·m^{-2})	备注
甲地	18200	2.5	210	0.02	1.2	火车运输
乙地	9800	2.4	65	0.04	1.5	汽车运输
丙地	10000	2.3	70	0.03	1.4	汽车运输
合计	38000					

问题一：根据以上资料计算该地区人工单价。

问题二：根据以上资料计算该地区陶瓷地面砖(200 mm×200 mmm)的材料单价。

问题三：试回答湖南省建筑安装工程施工机械台班单价包括哪些内容，并作出相应解释。

(2)实施条件。

场地：普通教室。

材料：答题纸、草稿纸。

参考资料：《湖南省房屋建筑与装饰工程消耗量标准》(2020)、《湖南省建设工程计价办法》(湘建价〔2020〕56 号)及其附录。

(3)考核时量。

2 小时。

(4)评分细则见表 17-2。

表 17–2　评分细则表

<table>
<tr><th colspan="2">评价内容</th><th>配分</th><th>考核点</th><th>扣分标准</th><th>备注</th></tr>
<tr><td colspan="2" rowspan="4">职业素养
（20 分）</td><td>4</td><td>检查试题册、答题纸、答题工具等是否齐全，做好工作前准备</td><td>少检查一项扣 1 分，扣完该项得分为止</td><td rowspan="7">出现明显失误造成图纸、工具书、资料和记录工具严重损坏等；严重违反考场纪律，造成恶劣影响的第一大项计 0 分</td></tr>
<tr><td>4</td><td>文字、计算过程应字迹工整、填写规范</td><td>文字潦草扣 2 分，计算过程不规范扣 2 分</td></tr>
<tr><td>6</td><td>遵守考场纪律，维护考场良好环境，文明作答</td><td>乱扔纸屑、考场喧哗、睡觉每次扣 2 分，扣完该项得分为止</td></tr>
<tr><td>6</td><td>任务完成后，整齐摆放并按监考老师要求提交试题册、答题纸、草稿纸，整理桌椅等</td><td>未配合监考老师要求提交完整考核资料扣 4 分，没有清理场地、整理好桌椅扣 2 分</td></tr>
<tr><td rowspan="3">成果
（80 分）</td><td>问题</td><td>34</td><td>计时工资或计件工资、奖金、津贴补贴、加班工资、特殊情况下支付的工资概念清晰，人工单价列式、计算结果准确；材料原价、运杂费、运输损耗费、采购保管费概念清晰，材料单价列式、计算结果准确</td><td>人工单价计算列式错误扣 9 分，计算结果错误扣 3 分；材料单价计算过程错误扣 5 分/处，结果错误扣 1 分/处，扣完为止</td></tr>
<tr><td>问题二</td><td>14</td><td>施工机械台班单价的七大内容构成</td><td>内容构成每错一处扣 2 分，扣完为止</td></tr>
<tr><td>问题三</td><td>32</td><td>楼地面定额分项工程的人工费、材料费、机械费、工料单价列式、计算结果准确</td><td>费用计算式错误扣 8 分/处，结果错误扣 3 分/处，计算扣完为止</td></tr>
</table>

18. 试题 2-6：人、材、机单价的确定

考场号		工位号	
评分人		考核日期	

(1)任务描述。

问题一：某地区建筑企业生产工人计时工资 50 元/工日，奖金 8 元/工日，津贴补贴 12 元/工日，加班工资 5 元/工日，特殊情况下支付的工资按 15%比例计提，五险一金 20 元/工日。求该地区人工工日单价。

问题二：200 mm×300 mm 的内墙瓷砖购买资料见表 18-1。

表 18-1　内墙瓷砖采购表

货源地	数量/块	买价/(元·块$^{-1}$)	运距/km	运输单价/(元·km^{-1}·m^{2})	装卸费/(元·m^{-2})	备注
甲地	18200	2.5	210	0.02	1.2	火车运输
乙地	9800	2.4	65	0.04	1.5	汽车运输
丙地	10000	2.3	70	0.03	1.4	汽车运输
合计	38000					

①计算每平方米内墙瓷砖 200 mm×300 mm 的材料预算价格。

②若该瓷砖全部由建设单位供货至现场，试计算施工单位应该计取的保管费(设采购保管费率为 2.5%，保管费按采购保管费的 50%计算)。

问题三：计算某地 10 t 自卸汽车台班使用费。有关资料如下：

自卸汽车预算价格 250000 元，残值率 2%，使用总台班 3150 台班，检修间隔台班 625 台班，年工作台班 250 台班，一次检修理费 26000 元，维护费系数 $K=1.52$，机上人工消耗 2.5 工日/台班，人工单价 100 元/工日，柴油消耗 45.6 kg/台班，柴油单价 8.44 元/kg。

(2)实施条件。

场地：普通教室。

材料：答题纸、草稿纸。

参考资料：《湖南省房屋建筑与装饰工程消耗量标准》(2020)、《湖南省建设工程计价办法》(湘建价〔2020〕56 号)及其附录。

(3)考核时量。

2 小时。

(4)评分细则见表 18-2。

表 18-2　评分细则表

<table>
<tr><th colspan="2">评价内容</th><th>配分</th><th>考核点</th><th>扣分标准</th><th>备注</th></tr>
<tr><td colspan="2" rowspan="4">职业素养
（20 分）</td><td>4</td><td>检查试题册、答题纸、答题工具等是否齐全，做好工作前准备</td><td>少检查一项扣 1 分，扣完该项得分为止</td><td rowspan="7">出现明显失误造成图纸、工具书、资料和记录工具严重损坏等；严重违反考场纪律，造成恶劣影响的第一大项计 0 分</td></tr>
<tr><td>4</td><td>文字、计算过程应字迹工整、填写规范</td><td>文字潦草扣 2 分，计算过程不规范扣 2 分</td></tr>
<tr><td>6</td><td>遵守考场纪律，维护考场良好环境，文明作答</td><td>乱扔纸屑、考场喧哗、睡觉每次扣 2 分，扣完该项得分为止</td></tr>
<tr><td>6</td><td>任务完成后，整齐摆放并按监考老师要求提交试题册、答题纸、草稿纸，整理桌椅等</td><td>未配合监考老师要求提交完整考核资料扣 4 分，没有清理场地、整理好桌椅扣 2 分</td></tr>
<tr><td rowspan="3">成果
（80 分）</td><td>问题一</td><td>14</td><td>计时工资或计件工资、奖金、津贴补贴、加班工资、特殊情况下支付的工资概念清晰，人工单价列式、计算结果、单位准确</td><td>人工单价计算列式错误扣 14 分；计算结果错误扣 4 分，扣完为止</td></tr>
<tr><td>问题二</td><td>30</td><td>材料买价、运输费、装卸费、每平方米的材料预算价格列式、计算结果准确；保管费列式、计算结果准确</td><td>内容构成的计算式每错一处扣 6 分，计算结果每错一处扣 2 分，扣完为止</td></tr>
<tr><td>问题三</td><td>36</td><td>机械台班折旧费、检修费、维护费、人工费、燃料动力费、施工机械台班单价列式、计算结果准确</td><td>内容构成的计算式每错一处扣 6 分，计算结果每错一处扣 2 分，扣完为止</td></tr>
</table>

项目七　建筑工程工程量清单编制

19. 试题 2-7：建筑工程工程量清单编制

考场号		工位号	
评分人		考核日期	

(1)任务描述。

依据图 19-1 和图 19-2 完成以下工作任务：

某建筑物的基础如图 19-1、图 19-2 所示，轴线均位于墙体中心，室外地坪标高为-0.6 m，土壤类别为二类土，采用人工开挖，柱下锥形独立基础尺寸处配筋见表 19-1。

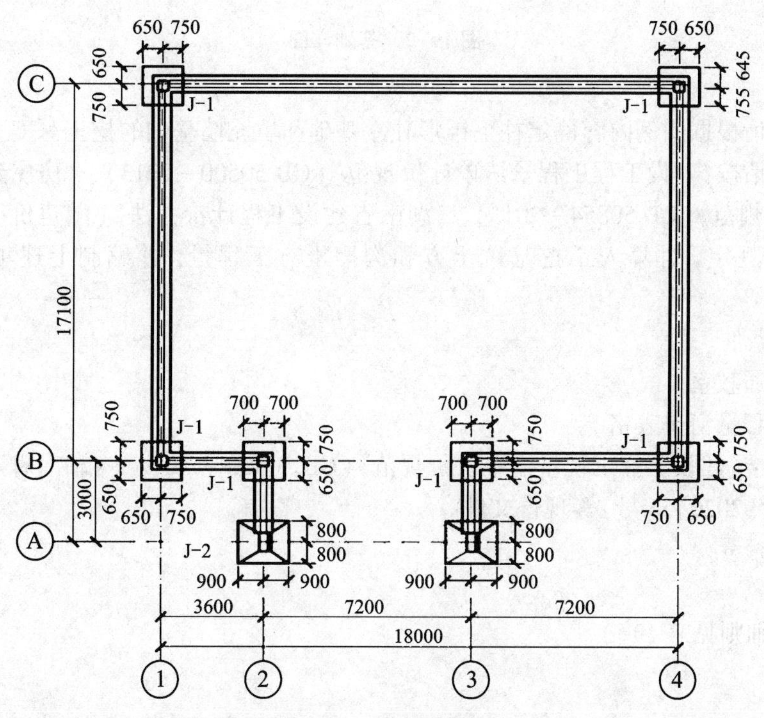

图 19-1　基础平面图

表 19-1　柱下锥形独立基础表

编号	柱尺寸/mm		独基尺寸/mm			独基配筋		基底标高/m
	b	h	A	B	H_1/H_2	①	②	H
J-1			1400	1400	300/0	Φ10@150	Φ10@150	-1.800
J-2			1600	1800	350/200	Φ12@150	Φ12@150	-1.800

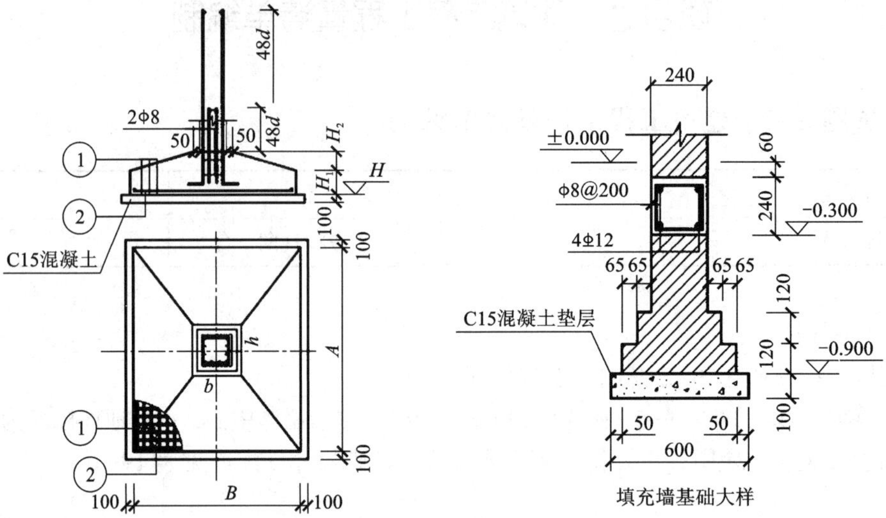

填充墙基础大样

图 19-2　基础详图

问题一：请根据图例内容确定柱下锥形独立基础和填充墙基础的挖土深度。

问题二：请按《建设工程工程量清单计价规范》(GB 50500—2013)、《房屋建筑与装饰工程工程量计算规范》(GB 50854—2013)、《湖南省建设工程计价办法》(湘建价〔2020〕56 号)等现行文件的规定，计算人工挖基坑土方和沟槽土方工程量，并编制上述项目的工程量清单。

(2)实施条件。

场地：普通教室。

材料：工程量清单表格。

参考资料：《建设工程工程量清单计价规范》(GB 50500—2013)、《湖南省建设工程计价办法》(湘建价〔2020〕56 号)等现行文件。

(3)考核时量。

2 小时。

(4)评分细则见表 19-2。

表 19-2　评分细则表

<table>
<tr><th colspan="3">评价内容</th><th>配分</th><th>考核点</th><th>扣分标准</th><th>备注</th></tr>
<tr><td colspan="3" rowspan="4">职业素养（20分）</td><td>4</td><td>检查试题册、答题纸、答题工具等是否齐全，做好工作前准备</td><td>少检查一项扣1分，扣完该项得分为止</td><td rowspan="14">出现明显失误造成图纸、工具书、资料和记录工具严重损坏等；严重违反考场纪律，造成恶劣影响的第一大项计0分</td></tr>
<tr><td>4</td><td>文字、计算过程应字迹工整、填写规范</td><td>文字潦草扣2分，计算过程不规范扣2分</td></tr>
<tr><td>6</td><td>遵守考场纪律，维护考场良好环境，文明作答</td><td>乱扔纸屑、考场喧哗、睡觉每次扣2分，扣完该项得分为止</td></tr>
<tr><td>6</td><td>任务完成后，整齐摆放并按监考老师要求提交试题册、答题纸、草稿纸，整理桌椅等</td><td>未配合监考老师要求提交完整考核资料扣4分，没有清理场地、整理好桌椅扣2分</td></tr>
<tr><td rowspan="10">成果（80分）</td><td rowspan="4">工程量计算（50分）</td><td>工程识图</td><td>10</td><td>准确识读基础平面图及基础详图，能分析问题和解决问题，准确回答问题</td><td>问题一少答或者回答错误一处扣5分，直到扣完该项得分为止</td></tr>
<tr><td>计量单位</td><td>5</td><td>符合《房屋建筑与装饰工程工程量计算规范》（GB 50854—2013）要求</td><td>计量单位每错一处或少写一处扣1分，至5分为止</td></tr>
<tr><td>工程量计算式</td><td>30</td><td>计算规则符合《房屋建筑与装饰工程工程量计算规范》（GB 50854—2013）要求</td><td>基坑土方工程量计算式错误扣15分；沟槽土方工程量计算式错误扣15分</td></tr>
<tr><td>计算结果</td><td>5</td><td>计算结果正确</td><td>结果错误每处扣2. 5分，扣完为止</td></tr>
<tr><td rowspan="6">工程量清单表格填写（30分）</td><td>项目编码</td><td>4</td><td>符合《房屋建筑与装饰工程工程量计算规范》（GB 50854—2013）要求</td><td>每错一处或少写一处扣2分，扣完为止</td></tr>
<tr><td>项目名称</td><td>4</td><td>符合《房屋建筑与装饰工程工程量计算规范》（GB 50854—2013）要求，并符合工程项目实际情况和工作任务要求</td><td>名称基本正确但没有结合任务背景描述清楚每错一处或少写一处扣2分，至4分为止</td></tr>
<tr><td>项目特征描述</td><td>4</td><td>符合《房屋建筑与装饰工程工程量计算规范》（GB 50854—2013）要求，并符合工程项目实际情况和工作任务要求</td><td>每错一处或少写一条扣1分，至4分为止</td></tr>
<tr><td>填写清单</td><td>6</td><td>符合《房屋建筑与装饰工程工程量计算规范》（GB 50854—2013）及《湖南省建设工程计价办法》（湘建价〔2020〕56号）等现行文件要求，清单表格齐全，填写数据完整</td><td>清单表格要齐全，填写数据要完整，每错一处或少写一条扣1分，至6分为止</td></tr>
<tr><td>编写编制说明封面</td><td>8</td><td>编制说明的内容、填写封面符合《建设工程工程量清单计价规范》（GB 50500—2013）及《湖南省建设工程计价办法》（湘建价〔2020〕56号）等现行文件要求</td><td>编制说明的内容，每错一处扣1分，至4分为止；封面每错一处扣1分，至4分为止</td></tr>
<tr><td>装订成册</td><td>4</td><td>表格装订顺序无误</td><td>表格顺序错误直接扣4分</td></tr>
</table>

20. 试题 2-8：建筑工程工程量清单编制

考场号		工位号	
评分人		考核日期	

(1)任务描述。

依据图 20-1 和图 20-2 完成以下工作任务。

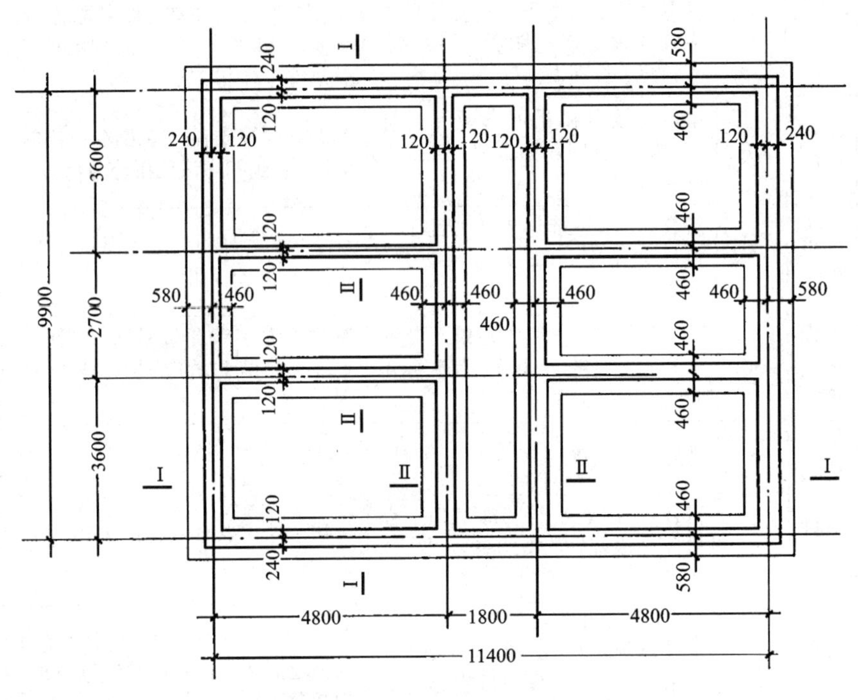

图 20-1　基础平面图

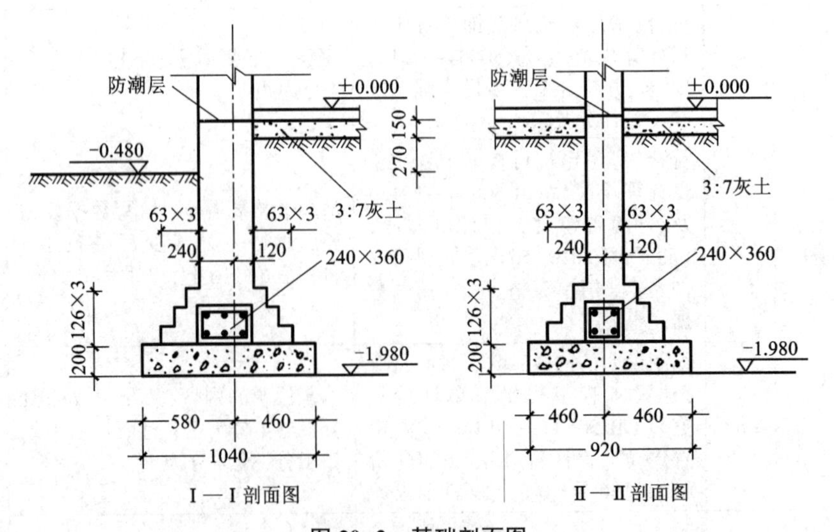

图 20-2　基础剖面图

某工程基础平面图、剖面图如图 20-1、图 20-2 所示，图中土壤类别为二类土，±0.000 m 以下砖基础用 M5 水泥砂浆砌筑，地圈梁为 C20 钢筋混凝土，基础垫层为 C15 素混凝土，地面为 150 mm 厚 3∶7 灰土垫层、40 mm 厚细石混凝土找平层、20 mm 厚 1∶2.5 水泥砂浆面层，防潮层为防水砂浆。已知设计室外地坪以下各种工程量：混凝土基础垫层体积 14.50 m^3，地圈梁体积 5.70 m^3，砖基础体积 25.90 m^3，弃土运距 200 m。

问题一：请根据图例内容确定室内、外地坪标高及挖土深度。

问题二：请按《建设工程工程量清单计价规范》(GB 50500—2013)、《房屋建筑与装饰工程工程量计算规范》(GB 50854—2013)、《湖南省建设工程计价办法》(湘建价〔2020〕56 号)等现行文件的规定，计算挖基础土方、回填土方工程量，并编制上述项目的工程量清单。

(2)实施条件。

场地：普通教室。

材料：工程量清单表格。

参考资料：《建设工程工程量清单计价规范》(GB 50500—2013)、《房屋建筑与装饰工程工程量计算规范》(GB 50854—2013)、《湖南省建设工程计价办法》(湘建价〔2020〕56 号)等现行文件。

(3)考核时量。

2 小时。

(4)评分细则见表 20-1。

表 20-1　评分细则表

<table>
<tr><th colspan="3">评价内容</th><th>配分</th><th>考核点</th><th>扣分标准</th><th>备注</th></tr>
<tr><td colspan="3" rowspan="4">职业素养
（20 分）</td><td>4</td><td>检查试题册、答题纸、答题工具等是否齐全，做好工作前准备</td><td>少检查一项扣 1 分，扣完该项得分为止</td><td rowspan="14">出现明显失误造成图纸、工具书、资料和记录工具严重损坏等；严重违反考场纪律，造成恶劣影响的第一大项计 0 分</td></tr>
<tr><td>4</td><td>文字、计算过程应字迹工整、填写规范</td><td>文字潦草扣 2 分，计算过程不规范扣 2 分</td></tr>
<tr><td>6</td><td>遵守考场纪律，维护考场良好环境，文明作答</td><td>乱扔纸屑、考场喧哗、睡觉每次扣 2 分，扣完该项得分为止</td></tr>
<tr><td>6</td><td>任务完成后，整齐摆放并按监考老师要求提交试题册、答题纸、草稿纸，整理桌椅等</td><td>未配合监考老师要求提交完整考核资料扣 4 分，没有清理场地、整理好桌椅扣 2 分</td></tr>
<tr><td rowspan="10">成果（80 分）</td><td rowspan="4">工程量计算（50 分）</td><td>工程识图</td><td>10</td><td>准确识读基础平面图及基础详图，能分析问题和解决问题，准确回答问题</td><td>问题一少答或者回答错误一处扣 5 分，直到扣完该项得分为止</td></tr>
<tr><td>计量单位</td><td>5</td><td>符合《房屋建筑与装饰工程工程量计算规范》（GB 50854—2013）要求</td><td>计量单位每错一处或少写一处扣 2.5 分，至 5 分为止</td></tr>
<tr><td>工程量计算式</td><td>30</td><td>计算规则符合《房屋建筑与装饰工程工程量计算规范》（GB 50854—2013）要求</td><td>基坑土方工程量计算式错误扣 15 分；回填方工程量计算式错误扣 15 分</td></tr>
<tr><td>计算结果</td><td>5</td><td>计算结果正确</td><td>结果错误每处扣 2.5 分，扣完为止</td></tr>
<tr><td rowspan="6">工程量清单表格填写（30 分）</td><td>项目编码</td><td>4</td><td>符合《房屋建筑与装饰工程工程量计算规范》（GB 50854—2013）要求</td><td>每错一处或少写一处扣 2 分，至 4 分为止</td></tr>
<tr><td>项目名称</td><td>4</td><td>符合《房屋建筑与装饰工程工程量计算规范》（GB 50854—2013）要求，并符合工程项目实际情况和工作任务要求</td><td>名称基本正确但没有结合任务背景描述清楚每错一处或少写一处扣 2 分，至 4 分为止</td></tr>
<tr><td>项目特征描述</td><td>4</td><td>符合《房屋建筑与装饰工程工程量计算规范》（GB 50854—2013）要求，并符合工程项目实际情况和工作任务要求</td><td>每错一处或少写一条扣 1 分，至 4 分为止</td></tr>
<tr><td>填写清单</td><td>6</td><td>符合《房屋建筑与装饰工程工程量计算规范》（GB 50854—2013）及《湖南省建设工程计价办法》（湘建价〔2020〕56 号）等现行文件要求，清单表格齐全，填写数据完整</td><td>清单表格要齐全，填写数据要完整，每错一处或少写一条扣 1 分，至 6 分为止</td></tr>
<tr><td>编写编制说明封面</td><td>8</td><td>编制说明的内容、填写封面符合。《建设工程工程量清单计价规范》（GB 50500—2013）及《湖南省建设工程计价办法》（湘建价〔2020〕56 号）等现行文件要求</td><td>编制说明的内容，每错一处扣 1 分，至 4 分为止；封面每错一处扣 1 分，至 4 分为止</td></tr>
<tr><td>装订成册</td><td>4</td><td>表格装订顺序无误</td><td>表格顺序错误直接扣 4 分</td></tr>
</table>

21. 试题 2-9：建筑工程工程量清单编制

考场号		工位号	
评分人		考核日期	

（1）任务描述。

根据所给附件一施工图纸（办公楼施工图）、《建设工程工程量清单计价规范》（GB 50500—2013）、《房屋建筑与装饰工程工程量计算规范》（GB 50854—2013）、《湖南省建设工程计价办法》（湘建价〔2020〕56 号）等现行文件，完成以下工作任务。

问题一：请确定该工程的内、外墙墙厚，一层外墙墙高。

问题二：完成一层②轴线内墙和一层 A 轴线外墙的砌筑清单工程量计算及工程量清单编制。

（2）实施条件。

场地：普通教室。

材料：工程量清单表格。

参考资料：附件一施工图纸、《建设工程工程量清单计价规范》（GB 50500—2013）、《房屋建筑与装饰工程工程量计算规范》（GB 50854—2013）、《湖南省建设工程计价办法》（湘建价〔2020〕56 号）等现行文件。

（3）考核时量。

2 小时。

（4）评分细则见表 21-1。

表 21-1　评分细则表

评价内容	配分	考核点	扣分标准	备注
职业素养（20 分）	5	检查图纸、计价规范、计价办法、计算工具和记录表格等是否齐全，做好工作前准备	少检查一项扣 1 分，直到扣完该项得分为止	
	5	文字、表格作业应字迹工整、填写规范	文字潦草扣 2 分，表格填写不规范扣 3 分	
	4	有良好的环境保护意识，文明作业	没有环境保护意识，乱扔纸屑每次扣 2 分，直到扣完该项得分为止	
	6	任务完成后，整齐摆放图纸、工具书、记录工具、凳子，整理工作台面等	任务完成后，没有整齐摆放图纸、工具书、记录工具扣 3 分，没有清理场地，没有摆好凳子、整理工作台面扣 3 分	

续表 21-1

评价内容			配分	考核点	扣分标准	备注
成果(80分)	工程量计算(50分)	工程识图	9	准确识读施工图纸、任务描述，能发现问题、分析问题和解决问题，准确回答问题	问题一少答或者回答错误一处扣3分，至9分为止	出现明显失误造成图纸、工具书、资料和记录工具严重损坏等；严重违反考场纪律，造成恶劣影响的第一大项计0分
		计量单位	6	符合《房屋建筑与装饰工程工程量计算规范》(GB 50854—2013)要求	计量单位每错一处或少写一处扣2分，至6分为止	
		工程量计算式	30	计算规则符合《房屋建筑与装饰工程工程量计算规范》(GB 50854—2013)要求	内墙工程量计算式错误扣15分；外墙工程量计算式错误扣15分	
		计算结果	5	计算结果正确	结果错误每处扣2.5分，至5分为止	
	工程量清单表格填写(30分)	项目编码	4	符合《房屋建筑与装饰工程工程量计算规范》(GB 50854—2013)要求	项目编码每错一处或少写一处扣2分，至4分为止	
		项目名称	4	符合《房屋建筑与装饰工程工程量计算规范》(GB 50854—2013)要求，并符合工程项目实际情况和工作任务要求	名称基本正确但没有结合任务背景描述清楚每错一处或少写一处扣2分，至4分为止	
		项目特征描述	6	符合《房屋建筑与装饰工程工程量计算规范》(GB 50854—2013)要求，并符合工程项目实际情况和工作任务要求	每错一处或少写一条扣1分，至6分为止	
		填写清单	6	符合《房屋建筑与装饰工程工程量计算规范》(GB 50854—2013)及《湖南省建设工程计价办法》(湘建价〔2020〕56号)等现行文件要求，清单表格齐全，填写数据完整	清单表格要齐全，填写数据要完整，每错一处或少写一条扣1分，至6分为止	
		编写编制说明封面	6	编制说明的内容、填写封面符合《建设工程工程量清单计价规范》(GB 50500—2013)及《湖南省建设工程计价办法》(湘建价〔2020〕56号)等现行文件要求	编制说明的内容，每错一处扣1分，至3分为止；封面每错一处扣1分，至3分为止	
		装订成册	4	表格装订顺序无误	装订顺序错误直接扣4分	

22. 试题 2-10：建筑工程工程量清单编制

考场号		工位号	
评分人		考核日期	

(1) 任务描述。

根据所给附件一施工图纸（办公楼施工图）、《建设工程工程量清单计价规范》（GB 50500—2013）、《房屋建筑与装饰工程工程量计算规范》（GB 50854—2013）、《湖南省建设工程计价办法》（湘建价〔2020〕56 号）等现行文件，完成以下工作任务。

问题一：请确定该工程屋顶女儿墙墙厚、墙高。

问题二：完成屋顶女儿墙砌筑清单工程量计算及工程量清单编制。

(2) 实施条件。

场地：普通教室。

材料：工程量清单表格。

参考资料：附件一施工图纸、《建设工程工程量清单计价规范》（GB 50500—2013）、《房屋建筑与装饰工程工程量计算规范》（GB 50854—2013）、《湖南省建设工程计价办法》（湘建价〔2020〕56 号）等现行文件。

(3) 考核时量。

2 小时。

(4) 评分细则见表 22-1。

表 22-1 评分细则表

评价内容	配分	考核点	扣分标准	备注
职业素养（20 分）	5	检查图纸、计价规范、计价办法、计算工具和记录表格等是否齐全，做好工作前准备	少检查一项扣 1 分，直到扣完该项得分为止	
	5	文字、表格作业应字迹工整、填写规范	文字潦草扣 2 分，表格填写不规范扣 3 分	
	4	有良好的环境保护意识，文明作业	没有环境保护意识，乱扔纸屑每次扣 2 分，直到扣完该项得分为止	
	6	任务完成后，整齐摆放图纸、工具书、记录工具、凳子，整理工作台面等	任务完成后，没有整齐摆放图纸、工具书、记录工具扣 3 分，没有清理场地，没有摆好凳子、整理工作台面扣 3 分	

续表 22-1

评价内容			配分	考核点	扣分标准	备注
成果（80分）	工程量计算（50分）	工程识图	10	准确识读施工图纸、任务描述，能发现问题、分析问题和解决问题，准确回答问题	问题一少答或者回答错误一处扣5分，至10分为止	出现明显失误造成图纸、工具书、资料和记录工具严重损坏等；严重违反考场纪律，造成恶劣影响的第一大项计0分
		计量单位	5	符合《房屋建筑与装饰工程工程量计算规范》（GB 50854—2013）要求	计量单位每错一处或少写一处扣2.5分，至5分为止	
		工程量计算式	30	计算规则符合《房屋建筑与装饰工程工程量计算规范》（GB 50854—2013）要求	女儿墙墙长、墙厚、墙高等基础数据计算正确，计算式整体存在错误，扣15分；全部错误不得分	
		计算结果	5	计算结果正确	结果错误每处扣2.5分，至5分为止	
	工程量清单表格填写（30分）	项目编码	4	符合《房屋建筑与装饰工程工程量计算规范》（GB 50854—2013）要求	编码错误直接扣4分	
		项目名称	4	符合《房屋建筑与装饰工程工程量计算规范》（GB 50854—2013）要求，并符合工程项目实际情况和工作任务要求	项目名称描述错误直接扣4分	
		项目特征描述	6	符合《房屋建筑与装饰工程工程量计算规范》（GB 50854—2013）要求，并符合工程项目实际情况和工作任务要求	每错一处或少写一条扣2分，至6分为止	
		填写清单	6	符合《房屋建筑与装饰工程工程量计算规范》（GB 50854—2013）及《湖南省建设工程计价办法》（湘建价〔2020〕56号）等现行文件要求，清单表格齐全，填写数据完整	清单表格要齐全，填写数据要完整，每错一处或少写一条扣1分，至6分为止	
		编写编制说明封面	6	编制说明的内容、填写封面符合《建设工程工程量清单计价规范》（GB 50500—2013）及《湖南省建设工程计价办法》（湘建价〔2020〕56号）等现行文件要求	编制说明的内容，每错一处扣1分，至3分为止；封面每错一处扣1分，至3分为止	
		装订成册	4	表格装订顺序无误	装订顺序错误直接扣4分	

23. 试题 2-11：建筑工程工程量清单编制

考场号		工位号	
评分人		考核日期	

(1)任务描述。

根据所给附件一施工图纸(办公楼施工图)、《房屋建筑与装饰工程工程量计算规范》(GB 50854—2013)和《湖南省建设工程计价办法》(湘建价〔2020〕56 号)，完成以下分部分项工程的工程量清单编制。

问题一：请指出该工程的结构类型，以及基础、柱、梁、板的混凝土强度。

问题二：完成基础 J1 及标高 7.2 m 处 A 轴 KL7 和 Z1 混凝土工程量清单的编制。

(2)实施条件。

场地：普通教室。

材料：工程量清单表格。

参考资料：附件一施工图纸、《建设工程工程量清单计价规范》(GB 50500—2013)、《房屋建筑与装饰工程工程量计算规范》(GB 50854—2013)、《湖南省建设工程计价办法》(湘建价〔2020〕56 号)等现行文件。

(3)考核时量。

2 小时。

(4)评分细则见表 23-1。

表 23-1　评分细则表

评价内容	配分	考核点	扣分标准	备注
职业素养(20 分)	5	检查图纸、计价规范、计价办法、计算工具和记录表格等是否齐全，做好工作前准备	少检查一项扣 1 分，直到扣完该项得分为止	
	5	文字、表格作业应字迹工整、填写规范	文字潦草扣 2 分，表格填写不规范扣 3 分	
	4	有良好的环境保护意识，文明作业	没有环境保护意识，乱扔纸屑每次扣 2 分，直到扣完该项得分为止	
	6	任务完成后，整齐摆放图纸、工具书、记录工具、凳子，整理工作台面等	任务完成后，没有整齐摆放图纸、工具书、记录工具扣 3 分，没有清理场地，没有摆好凳子、整理工作台面扣 3 分	

续表 23-1

评价内容			配分	考核点	扣分标准	备注
成果（80分）	工程量计算（50分）	工程识图	10	准确识读施工图纸、任务描述，能发现问题、分析问题和解决问题，准确回答问题	问题一少答或者回答错误一处扣2分，至10分为止	出现明显失误造成图纸、工具书、资料和记录工具严重损坏等；严重违反考场纪律，造成恶劣影响的第一大项计0分
		计量单位	5	符合《房屋建筑与装饰工程工程量计算规范》（GB 50854—2013）要求	计量单位每错一处或少写一处扣2.5分，至5分为止	
		工程量计算式	30	计算规则符合《房屋建筑与装饰工程工程量计算规范》（GB 50854—2013）要求	J1工程量计算式错误扣10分；KL7工程量计算式错误扣10分；Z1工程量计算式错误扣10分	
		计算结果	5	计算结果正确	结果错误每处扣2.5分，至5分为止	
	工程量清单表格填写（30分）	项目编码	4	符合《房屋建筑与装饰工程工程量计算规范》（GB 50854—2013）要求	项目编码每错一处或少写一处扣2分，至4分为止	
		项目名称	4	符合《房屋建筑与装饰工程工程量计算规范》（GB 50854—2013）要求，并符合工程项目实际情况和工作任务要求	名称基本正确但没有结合任务背景描述清楚每错一处或少写一处扣2分，至4分为止	
		项目特征描述	6	符合《房屋建筑与装饰工程工程量计算规范》（GB 50854—2013）要求，并符合工程项目实际情况和工作任务要求	每错一处或少写一条扣1分，至6分为止	
		填写清单	6	符合《房屋建筑与装饰工程工程量计算规范》（GB 50854—2013）及《湖南省建设工程计价办法》（湘建价〔2020〕56号）等现行文件要求，清单表格齐全，填写数据完整	清单表格要齐全，填写数据要完整，每错一处或少写一条扣1分，至6分为止	
		编写编制说明封面	6	编制说明的内容、填写封面符合《建设工程工程量清单计价规范》（GB 50500—2013）及《湖南省建设工程计价办法》（湘建价〔2020〕56号）等现行文件要求	编制说明的内容，每错一处扣1分，至3分为止；封面每错一处扣1分，至3分为止	
		装订成册	4	表格装订顺序无误	装订顺序错误直接扣4分	

24. 试题 2-12：建筑工程工程量清单编制

考场号		工位号	
评分人		考核日期	

(1)任务描述。

根据所给附件一施工图纸(办公楼施工图)、《房屋建筑与装饰工程工程量计算规范》(GB 50854—2013)和《湖南省建设工程计价办法》(湘建价〔2020〕56 号)，完成以下分部分项工程的工程量清单编制。

问题一：请指出该工程的结构类型，以及基础、柱、梁、板的混凝土强度。

问题二：完成 J3 混凝土基础，B 轴 KL1 混凝土梁、Z3 混凝土柱工程量清单的编制。

(2)实施条件。

场地：普通教室。

材料：工程量清单表格。

参考资料：附件一施工图纸、《建设工程工程量清单计价规范》(GB 50500—2013)、《房屋建筑与装饰工程工程量计算规范》(GB 50854—2013)、《湖南省建设工程计价办法》(湘建价〔2020〕56 号)等现行文件。

(3)考核时量。

2 小时。

(4)评分细则见表 24-1。

表 24-1 评分细则表

评价内容	配分	考核点	扣分标准	备注
职业素养(20 分)	5	检查图纸、计价规范、计价办法、计算工具和记录表格等是否齐全，做好工作前准备	少检查一项扣 1 分，直到扣完该项得分为止	
	5	文字、表格作业应字迹工整、填写规范	文字潦草扣 2 分，表格填写不规范扣 3 分	
	4	有良好的环境保护意识，文明作业	没有环境保护意识，乱扔纸屑每次扣 2 分，直到扣完该项得分为止	
	6	任务完成后，整齐摆放图纸、工具书、记录工具、凳子，整理工作台面等	任务完成后，没有整齐摆放图纸、工具书、记录工具扣 3 分，没有清理场地，没有摆好凳子、整理工作台面扣 3 分	

续表 24-1

<table>
<tr><th colspan="3">评价内容</th><th>配分</th><th>考核点</th><th>扣分标准</th><th>备注</th></tr>
<tr><td rowspan="10">成果（80分）</td><td rowspan="4">工程量计算（50分）</td><td>工程识图</td><td>10</td><td>准确识读施工图纸、任务描述，能发现问题、分析问题和解决问题，准确回答问题</td><td>问题一少答或者回答错误一处扣2分，至10分为止</td><td rowspan="10">出现明显失误造成图纸、工具书、资料和记录工具严重损坏等；严重违反考场纪律，造成恶劣影响的第一大项计0分</td></tr>
<tr><td>计量单位</td><td>5</td><td>符合《房屋建筑与装饰工程工程量计算规范》（GB 50854—2013）要求</td><td>计量单位每错一处或少写一处扣2.5分，至5分为止</td></tr>
<tr><td>工程量计算式</td><td>30</td><td>计算规则符合《房屋建筑与装饰工程工程量计算规范》（GB 50854—2013）要求</td><td>J3工程量计算式错误扣10分；KL1工程量计算式错误扣10分；Z3工程量计算式错误扣10分</td></tr>
<tr><td>计算结果</td><td>5</td><td>计算结果正确</td><td>结果错误每处扣2.5分，至5分为止</td></tr>
<tr><td rowspan="6">工程量清单表格填写（30分）</td><td>项目编码</td><td>4</td><td>符合《房屋建筑与装饰工程工程量计算规范》（GB 50854—2013）要求</td><td>项目编码每错一处或少写一处扣2分，至4分为止</td></tr>
<tr><td>项目名称</td><td>4</td><td>符合《房屋建筑与装饰工程工程量计算规范》（GB 50854—2013）要求，并符合工程项目实际情况和工作任务要求</td><td>名称基本正确但没有结合任务背景描述清楚每错一处或少写一处扣2分，至4分为止</td></tr>
<tr><td>项目特征描述</td><td>6</td><td>符合《房屋建筑与装饰工程工程量计算规范》（GB 50854—2013）要求，并符合工程项目实际情况和工作任务要求</td><td>每错一处或少写一条扣1分，至6分为止</td></tr>
<tr><td>填写清单</td><td>6</td><td>符合《房屋建筑与装饰工程工程量计算规范》（GB 50854—2013）及《湖南省建设工程计价办法》（湘建价〔2020〕56号）等现行文件要求，清单表格齐全，填写数据完整</td><td>清单表格要齐全，填写数据要完整，每错一处或少写一条扣1分，至6分为止</td></tr>
<tr><td>编写编制说明封面</td><td>6</td><td>编制说明的内容、填写封面符合《建设工程工程量清单计价规范》（GB 50500—2013）及《湖南省建设工程计价办法》（湘建价〔2020〕56号）等现行文件要求</td><td>编制说明的内容，每错一处扣1分，至3分为止；封面每错一处扣1分，至3分为止</td></tr>
<tr><td>装订成册</td><td>4</td><td>表格装订顺序无误</td><td>装订顺序错误直接扣4分</td></tr>
</table>

25. 试题 2-13：建筑工程工程量清单编制

考场号		工位号	
评分人		考核日期	

(1)任务描述。

问题一：根据所给附件一施工图纸(办公楼施工图)描述标高±0.000 m 处 A 轴 JKL7 的集中标注的含义。

问题二：参考《房屋建筑与装饰工程工程量计算规范》(GB 50854—2013)和《湖南省建设工程计价办法》(湘建价〔2020〕56 号)，若框架梁的纵向钢筋采用焊接连接，试完成标高±0.000 m 处 A 轴 JKL7 钢筋工程(计算一根上部通长钢筋、一根箍筋)的工程量清单编制。

(2)实施条件。

场地：普通教室。

材料：工程量清单表格。

参考资料：附件一施工图纸、《建设工程工程量清单计价规范》(GB 50500—2013)、《房屋建筑与装饰工程工程量计算规范》(GB 50854—2013)、《湖南省建设工程计价办法》(湘建价〔2020〕56 号)、《混凝土结构施工图平面整体表示方法制图规则和构造详图》(16G101)系列平法图集。

(3)考核时量。

2 小时。

(4)评分细则见表 25-1。

表 25-1 评分细则表

评价内容	配分	考核点	扣分标准	备注
职业素养(20 分)	5	检查图纸、计价规范、计价办法、计算工具和记录表格等是否齐全，做好工作前准备	少检查一项扣 1 分，直到扣完该项得分为止	
	5	文字、表格作业应字迹工整、填写规范	文字潦草扣 2 分，表格填写不规范扣 3 分	
	4	有良好的环境保护意识，文明作业	没有环境保护意识，乱扔纸屑每次扣 2 分，直到扣完该项得分为止	
	6	任务完成后，整齐摆放图纸、工具书、记录工具、凳子，整理工作台面等	任务完成后，没有整齐摆放图纸、工具书、记录工具扣 3 分，没有清理场地，没有摆好凳子、整理工作台面扣 3 分	

续表 25-1

评价内容			配分	考核点	扣分标准	备注
成果（80分）	工程量计算（50分）	工程识图	10	准确识读施工图纸、任务描述，能发现问题、分析问题和解决问题，准确回答问题	问题一少答或者回答错误一处扣2分，至10分为止	出现明显失误造成图纸、工具书、资料和记录工具严重损坏等；严重违反考场纪律，造成恶劣影响的第一大项计0分
		计量单位	5	符合《房屋建筑与装饰工程工程量计算规范》(GB 50854—2013)要求	计量单位每错一处或少写一处扣2.5分，至5分为止	
		工程量计算式	30	计算规则符合《房屋建筑与装饰工程工程量计算规范》(GB 50854—2013)要求	上部通长筋工程量计算式错误扣15分；箍筋工程量计算式错误扣15分	
		计算结果	5	计算结果正确	结果错误每处扣2.5分，至5分为止	
	工程量清单表格填写（30分）	项目编码	4	符合《房屋建筑与装饰工程工程量计算规范》(GB 50854—2013)要求	项目编码每错一处或少写一处扣2分，至4分为止	
		项目名称	4	符合《房屋建筑与装饰工程工程量计算规范》(GB 50854—2013)要求，并符合工程项目实际情况和工作任务要求	名称基本正确但没有结合任务背景描述清楚每错一处或少写一处扣2分，至4分为止	
		项目特征描述	6	符合《房屋建筑与装饰工程工程量计算规范》(GB 50854—2013)要求，并符合工程项目实际情况和工作任务要求	每错一处或少写一条扣1分，至6分为止	
		填写清单	6	符合《房屋建筑与装饰工程工程量计算规范》(GB 50854—2013)及《湖南省建设工程计价办法》(湘建价〔2020〕56号)等现行文件要求，清单表格齐全，填写数据完整	清单表格要齐全，填写数据要完整，每错一处或少写一条扣1分，至6分为止	
		编写编制说明封面	6	编制说明的内容、填写封面符合《建设工程工程量清单计价规范》(GB 50500—2013)及《湖南省建设工程计价办法》(湘建价〔2020〕56号)等现行文件要求	编制说明的内容，每错一处扣1分，至3分为止；封面每错一处扣1分，至3分为止	
		装订成册	4	表格装订顺序无误	装订顺序错误直接扣4分	

26. 试题 2-14：建筑工程工程量清单编制

考场号		工位号	
评分人		考核日期	

(1)任务描述。

如图 26-1 所示，已知：8 mm 厚钢板的理论质量是 62.8 kg/m^2，5 mm 厚钢板的理论质量是 39.2 kg/m^2，[25a 的理论质量是 27.4 kg/m(汽车运输 2 km，汽车起重机吊装)。

问题一：请解释[25a 的含义。

问题二：参考《房屋建筑与装饰工程工程量计算规范》(GB 50854—2013)和《湖南省建设工程计价办法》(湘建价〔2020〕56 号)，完成空腹柱项目(含制作、运输、安装等工程内容)的工程量清单编制。

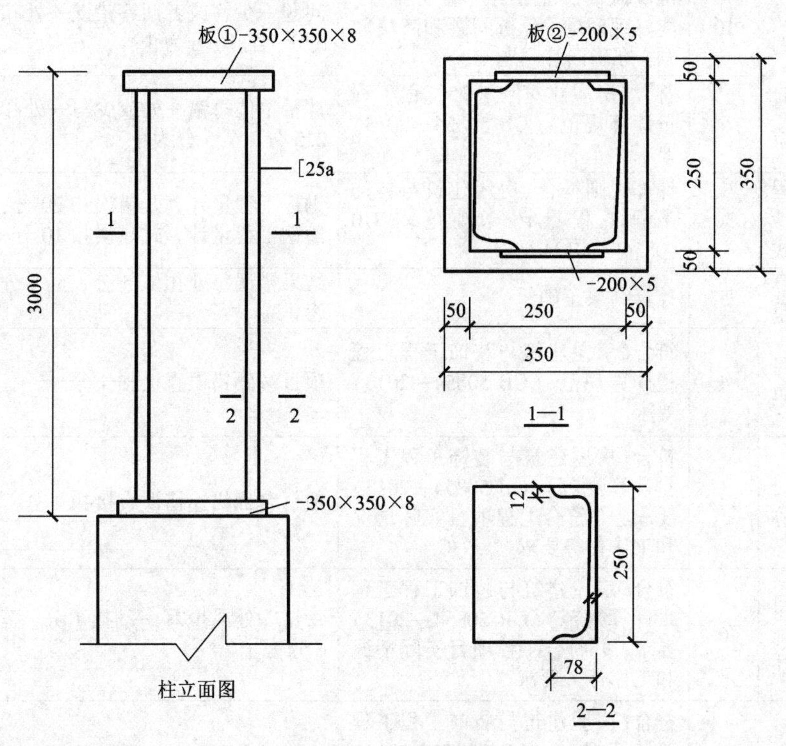

图 26-1 钢结构图

(2)实施条件。

场地：普通教室。

材料：工程量清单表格。

参考资料：《建设工程工程量清单计价规范》(GB 50500—2013)、《房屋建筑与装饰工程工程量计算规范》(GB 50854—2013)、《湖南省建设工程计价办法》(湘建价〔2020〕56 号)。

(3)考核时量。

2 小时。

(4)评分细则见表 26-1。

表 26-1　评分细则表

<table>
<tr><th colspan="3">评价内容</th><th>配分</th><th>考核点</th><th>扣分标准</th><th>备注</th></tr>
<tr><td colspan="3" rowspan="4">职业素养（20 分）</td><td>5</td><td>检查图纸、计价规范、计价办法、计算工具和记录表格等是否齐全，做好工作前准备</td><td>少检查一项扣 1 分，直到扣完该项得分为止</td><td rowspan="14">出现明显失误造成图纸、工具书、资料和记录工具严重损坏等；严重违反考场纪律，造成恶劣影响的第一大项计 0 分</td></tr>
<tr><td>5</td><td>文字、表格作业应字迹工整、填写规范</td><td>文字潦草扣 2 分，表格填写不规范扣 3 分</td></tr>
<tr><td>4</td><td>有良好的环境保护意识，文明作业</td><td>没有环境保护意识，乱扔纸屑每次扣 2 分，直到扣完该项得分为止</td></tr>
<tr><td>6</td><td>任务完成后，整齐摆放图纸、工具书、记录工具、凳子，整理工作台面等</td><td>任务完成后，没有整齐摆放图纸、工具书、记录工具扣 3 分，没有清理场地，没有摆好凳子、整理工作台面扣 3 分</td></tr>
<tr><td rowspan="10">成果（80 分）</td><td rowspan="4">工程量计算（50 分）</td><td>工程识图</td><td>10</td><td>准确识读施工图纸、任务描述，能发现问题、分析问题和解决问题，准确回答问题</td><td>问题一少答或者回答错误一处扣 5 分，至 10 分为止</td></tr>
<tr><td>计量单位</td><td>5</td><td>符合《房屋建筑与装饰工程工程量计算规范》（GB 50854—2013）要求</td><td>计量单位每错一处或少写一处扣 2.5 分，至 5 分为止</td></tr>
<tr><td>工程量计算式</td><td>30</td><td>计算规则符合《房屋建筑与装饰工程工程量计算规范》（GB 50854—2013）要求</td><td>钢板工程量计算式错误扣 20 分；槽钢工程量计算式错误扣 10 分</td></tr>
<tr><td>计算结果</td><td>5</td><td>计算结果正确</td><td>结果错误每处扣 2.5 分，至 5 分为止</td></tr>
<tr><td rowspan="6">工程量清单表格填写（30 分）</td><td>项目编码</td><td>4</td><td>符合《房屋建筑与装饰工程工程量计算规范》（GB 50854—2013）要求</td><td>项目编码错误直接扣 4 分</td></tr>
<tr><td>项目名称</td><td>4</td><td>符合《房屋建筑与装饰工程工程量计算规范》（GB 50854—2013）要求，并符合工程项目实际情况和工作任务要求</td><td>项目名称描述错误直接扣 4 分</td></tr>
<tr><td>项目特征描述</td><td>6</td><td>符合《房屋建筑与装饰工程工程量计算规范》（GB 50854—2013）要求，并符合工程项目实际情况和工作任务要求</td><td>每错一处或少写一条扣 1 分，至 6 分为止</td></tr>
<tr><td>填写清单</td><td>6</td><td>符合《房屋建筑与装饰工程工程量计算规范》（GB 50854—2013）及《湖南省建设工程计价办法》（湘建价〔2020〕56 号）等现行文件要求，清单表格齐全，填写数据完整</td><td>清单表格要齐全，填写数据要完整，每错一处或少写一条扣 1 分，至 6 分为止</td></tr>
<tr><td>编写编制说明封面</td><td>6</td><td>编制说明的内容、填写封面符合《建设工程工程量清单计价规范》（GB 50500—2013）及《湖南省建设工程计价办法》（湘建价〔2020〕56 号）等现行文件要求</td><td>编制说明的内容，每错一处扣 1 分，至 3 分为止；封面每错一处扣 1 分，至 3 分为止</td></tr>
<tr><td>装订成册</td><td>4</td><td>表格装订顺序无误</td><td>装订顺序错误直接扣 4 分</td></tr>
</table>

27. 试题 2-15：建筑工程工程量清单编制

考场号		工位号	
评分人		考核日期	

(1)任务描述。

问题一：根据所给附件一施工图纸(办公楼施工图)写出标高 7.2 m 处屋面防水的做法。

问题二：参考《房屋建筑与装饰工程工程量计算规范》(GB 50854—2013)和《湖南省建设工程计价办法》(湘建价〔2020〕56 号)，完成标高 7.2 m 处(女儿墙以内范围)屋面卷材防水工程的工程量清单编制，其中防水卷材在女儿墙处的上翻高度为 250 mm。

(2)实施条件。

场地：普通教室。

材料：工程量清单表格。

参考资料：附件一施工图纸、《建设工程工程量清单计价规范》(GB 50500—2013)、《房屋建筑与装饰工程工程量计算规范》(GB 50854—2013)、《湖南省建设工程计价办法》(湘建价〔2020〕56 号)。

(3)考核时量。

2 小时。

(4)评分细则见表 27-1。

表 27-1　评分细则表

评价内容	配分	考核点	扣分标准	备注
职业素养(20 分)	5	检查图纸、计价规范、计价办法、计算工具和记录表格等是否齐全，做好工作前准备	少检查一项扣 1 分，直到扣完该项得分为止	
	5	文字、表格作业应字迹工整、填写规范	文字潦草扣 2 分，表格填写不规范扣 3 分	
	4	有良好的环境保护意识，文明作业	没有环境保护意识，乱扔纸屑每次扣 2 分，直到扣完该项得分为止	
	6	任务完成后，整齐摆放图纸、工具书、记录工具、凳子，整理工作台面等	任务完成后，没有整齐摆放图纸、工具书、记录工具扣 3 分，没有清理场地，没有摆好凳子、整理工作台面扣 3 分	

续表 27-1

评价内容			配分	考核点	扣分标准	备注
成果（80分）	工程量计算（50分）	工程识图	10	准确识读施工图纸、任务描述，能发现问题、分析问题和解决问题，准确回答问题	问题一少答或者回答错误一处扣5分，至10分为止	出现明显失误造成图纸、工具书、资料和记录工具严重损坏等；严重违反考场纪律，造成恶劣影响的第一大项计0分
		计量单位	5	符合《房屋建筑与装饰工程工程量计算规范》(GB 50854—2013)要求	计量单位每错一处或少写一处扣2.5分，至5分为止	
		工程量计算式	30	计算规则符合《房屋建筑与装饰工程工程量计算规范》(GB 50854—2013)要求	防水平面部分工程量计算式错误扣15分；上翻部分工程量计算式错误扣15分	
		计算结果	5	计算结果正确	结果错误每处扣2.5分，至5分为止	
	工程量清单表格填写（30分）	项目编码	4	符合《房屋建筑与装饰工程工程量计算规范》(GB 50854—2013)要求	项目编码错误直接扣4分	
		项目名称	4	符合《房屋建筑与装饰工程工程量计算规范》(GB 50854—2013)要求，并符合工程项目实际情况和工作任务要求	项目名称描述错误直接扣4分	
		项目特征描述	6	符合《房屋建筑与装饰工程工程量计算规范》(GB 50854—2013)要求，并符合工程项目实际情况和工作任务要求	每错一处或少写一条扣2分，至6分为止	
		填写清单	6	符合《房屋建筑与装饰工程工程量计算规范》(GB 50854—2013)及《湖南省建设工程计价办法》(湘建价〔2020〕56号)等现行文件要求，清单表格齐全，填写数据完整	清单表格要齐全，填写数据要完整，每错一处或少写一条扣1分，至6分为止	
		编写编制说明封面	6	编制说明的内容、填写封面符合《建设工程工程量清单计价规范》(GB 50500—2013)及《湖南省建设工程计价办法》(湘建价〔2020〕56号)等现行文件要求	编制说明的内容，每错一处扣1分，至3分为止；封面每错一处扣1分，至3分为止	
		装订成册	4	表格装订顺序无误	装订顺序错误直接扣4分	

28.试题2-16：建筑工程工程量清单编制

考场号		工位号	
评分人		考核日期	

(1)任务描述。

问题一：请根据所给附件一施工图纸(办公楼施工图)描述标高3.6 m处框架梁KL3模板的底模长度以及侧模的高度。

问题二：根据所给附件施工图纸(办公楼施工图)、《房屋建筑与装饰工程工程量计算规范》(GB 50854—2013)和《湖南省建设工程计价办法》(湘建价〔2020〕56号)，完成标高3.6 m处框架梁KL3模板工程量清单编制，其中模板采用竹胶合板模板、钢支撑。

(2)实施条件。

场地：普通教室。

材料：工程量清单表格。

参考资料：附件一施工图纸、《建设工程工程量清单计价规范》(GB 50500—2013)、《房屋建筑与装饰工程工程量计算规范》(GB 50854—2013)、《湖南省建设工程计价办法》(湘建价〔2020〕56号)。

(3)考核时量。

2小时。

(4)评分细则见表28-1。

表28-1　评分细则表

评价内容	配分	考核点	扣分标准	备注
职业素养(20分)	5	检查图纸、计价规范、计价办法、计算工具和记录表格等是否齐全，做好工作前准备	少检查一项扣1分，直到扣完该项得分为止	
	5	文字、表格作业应字迹工整、填写规范	文字潦草扣2分，表格填写不规范扣3分	
	4	有良好的环境保护意识，文明作业	没有环境保护意识，乱扔纸屑每次扣2分，直到扣完该项得分为止	
	6	任务完成后，整齐摆放图纸、工具书、记录工具、凳子、整理工作台面等	任务完成后，没有整齐摆放图纸、工具书、记录工具扣3分，没有清理场地，没有摆好凳子、整理工作台面扣3分	

续表 28-1

<table>
<tr><th colspan="3">评价内容</th><th>配分</th><th>考核点</th><th>扣分标准</th><th>备注</th></tr>
<tr><td rowspan="10">成果（80分）</td><td rowspan="4">工程量计算（50分）</td><td>工程识图</td><td>10</td><td>准确识读施工图纸、任务描述，能发现问题、分析问题和解决问题，准确回答问题</td><td>问题一少答或者回答错误一处扣5分，至10分为止</td><td rowspan="10">出现明显失误造成图纸、工具书、资料和记录工具严重损坏等；严重违反考场纪律，造成恶劣影响的第一大项计0分</td></tr>
<tr><td>计量单位</td><td>5</td><td>符合《房屋建筑与装饰工程工程量计算规范》（GB 50854—2013）要求</td><td>计量单位每错一处或少写一处扣2.5分，至5分为止</td></tr>
<tr><td>工程量计算式</td><td>30</td><td>计算规则符合《房屋建筑与装饰工程工程量计算规范》（GB 50854—2013）要求</td><td>底模工程量计算式错误扣15分；侧模工程量计算式错误扣15分</td></tr>
<tr><td>计算结果</td><td>5</td><td>计算结果正确</td><td>结果错误每处扣2.5分，至5分为止</td></tr>
<tr><td rowspan="6">工程量清单表格填写（30分）</td><td>项目编码</td><td>4</td><td>符合《房屋建筑与装饰工程工程量计算规范》（GB 50854—2013）要求</td><td>项目编码错误直接扣4分</td></tr>
<tr><td>项目名称</td><td>4</td><td>符合《房屋建筑与装饰工程工程量计算规范》（GB 50854—2013）要求，并符合工程项目实际情况和工作任务要求</td><td>项目名称描述错误直接扣4分</td></tr>
<tr><td>项目特征描述</td><td>6</td><td>符合《房屋建筑与装饰工程工程量计算规范》（GB 50854—2013）要求，并符合工程项目实际情况和工作任务要求</td><td>每错一处或少写一条扣2分，至6分为止</td></tr>
<tr><td>填写清单</td><td>6</td><td>符合《房屋建筑与装饰工程工程量计算规范》（GB 50854—2013）及《湖南省建设工程计价办法》（湘建价〔2020〕56号）等现行文件要求，清单表格齐全，填写数据完整</td><td>清单表格要齐全，填写数据要完整，每错一处或少写一条扣1分，至6分为止</td></tr>
<tr><td>编写编制说明封面</td><td>6</td><td>编制说明的内容、填写封面符合《建设工程工程量清单计价规范》（GB 50500—2013）及《湖南省建设工程计价办法》（湘建价〔2020〕56号）等现行文件要求</td><td>编制说明的内容，每错一处扣1分，至3分为止；封面每错一处扣1分，至3分为止</td></tr>
<tr><td>装订成册</td><td>4</td><td>表格装订顺序无误</td><td>装订顺序错误直接扣4分</td></tr>
</table>

29. 试题 2-17：建筑工程工程量清单编制

考场号		工位号	
评分人		考核日期	

（1）任务描述。

问题一：根据所给附件一施工图纸（办公楼施工图）列出该工程“地 19”的做法。

问题二：参考《房屋建筑与装饰工程工程量计算规范》（GB 50854—2013）和《湖南省建设工程计价办法》（湘建价〔2020〕56 号）要求，编制该工程“地 19”中陶瓷地砖地面及相应一楼地面陶瓷踢脚线工程量清单。

（2）实施条件。

场地：普通教室。

材料：工程量清单表格。

参考资料：附件一施工图纸、《建设工程工程量清单计价规范》（GB 50500—2013）、《房屋建筑与装饰工程工程量计算规范》（GB 50854—2013）、《湖南省建设工程计价办法》（湘建价〔2020〕56 号）。

（3）考核时量。

2 小时。

（4）评分细则见表 29-1。

表 29-1　评分细则表

评价内容	配分	考核点	扣分标准	备注
职业素养（20 分）	5	检查图纸、计价规范、计价办法、计算工具和记录表格等是否齐全，做好工作前准备	少检查一项扣 1 分，直到扣完该项得分为止	
	5	文字、表格作业应字迹工整、填写规范	文字潦草扣 2 分，表格填写不规范扣 3 分	
	4	有良好的环境保护意识，文明作业	没有环境保护意识，乱扔纸屑每次扣 2 分，直到扣完该项得分为止	
	6	任务完成后，整齐摆放图纸、工具书、记录工具、凳子，整理工作台面等	任务完成后，没有整齐摆放图纸、工具书、记录工具扣 3 分，没有清理场地，没有摆好凳子、整理工作台面扣 3 分	

续表 29-1

评价内容			配分	考核点	扣分标准	备注
成果（80分）	工程量计算（50分）	工程识图	10	准确识读施工图纸、任务描述，能发现问题、分析问题和解决问题，准确回答问题	问题一少答或者回答错误一处扣5分，至10分为止	出现明显失误造成图纸、工具书、资料和记录工具严重损坏等；严重违反考场纪律，造成恶劣影响的第一大项计0分
		计量单位	5	符合《房屋建筑与装饰工程工程量计算规范》（GB 50854—2013）要求	计量单位每错一处或少写一处扣2.5分，至5分为止	
		工程量计算式	30	计算规则符合《房屋建筑与装饰工程工程量计算规范》（GB 50854—2013）要求	陶瓷地砖地面工程量计算式错误扣15分；陶瓷踢脚线工程量计算式错误扣15分	
		计算结果	5	计算结果正确	结果错误每处扣2.5分，至5分为止	
	工程量清单表格填写（30分）	项目编码	4	符合《房屋建筑与装饰工程工程量计算规范》（GB 50854—2013）要求	项目编码每错一处或少写一处扣2分，至4分为止	
		项目名称	4	符合《房屋建筑与装饰工程工程量计算规范》（GB 50854—2013）要求，并符合工程项目实际情况和工作任务要求	名称基本正确但没有结合任务背景描述清楚每错一处或少写一处扣2分，至4分为止	
		项目特征描述	6	符合《房屋建筑与装饰工程工程量计算规范》（GB 50854—2013）要求，并符合工程项目实际情况和工作任务要求	每错一处或少写一条扣1分，至6分为止	
		填写清单	6	符合《房屋建筑与装饰工程工程量计算规范》（GB 50854—2013）及《湖南省建设工程计价办法》（湘建价〔2020〕56号））等现行文件要求，清单表格齐全，填写数据完整	清单表格要齐全，填写数据要完整，每错一处或少写一条扣1分，至6分为止	
		编写编制说明封面	6	编制说明的内容、填写封面符合《建设工程工程量清单计价规范》（GB 50500—2013）及《湖南省建设工程计价办法》（湘建价〔2020〕56号）等现行文件要求	编制说明的内容，每错一处扣1分，至3分为止；封面每错一处扣1分，至3分为止	
		装订成册	4	表格装订顺序无误	装订顺序错误直接扣4分	

30. 试题 2-18：建筑工程工程量清单编制

考场号		工位号	
评分人		考核日期	

(1)任务描述。

某砖混结构传达室的平面图和剖面图如图 30-1、图 30-2 所示，地面 C15 素混凝土垫层 80 mm 厚，1∶3 水泥砂浆面层 20 mm 厚，1∶3 水泥砂浆踢脚 120 mm 高、20 mm 厚。门 M-1（1 个）尺寸为 1800 mm×2700 mm，窗 C-1（2 个）尺寸为 1500 mm×1800 mm，窗 C-2（3 个）尺寸为 1500 mm×600 mm。

问题一：请根据图纸确定该工程的散水宽度、墙体厚度。

问题二：请按《房屋建筑与装饰工程工程量计算规范》(GB 50854—2013)和《湖南省建设

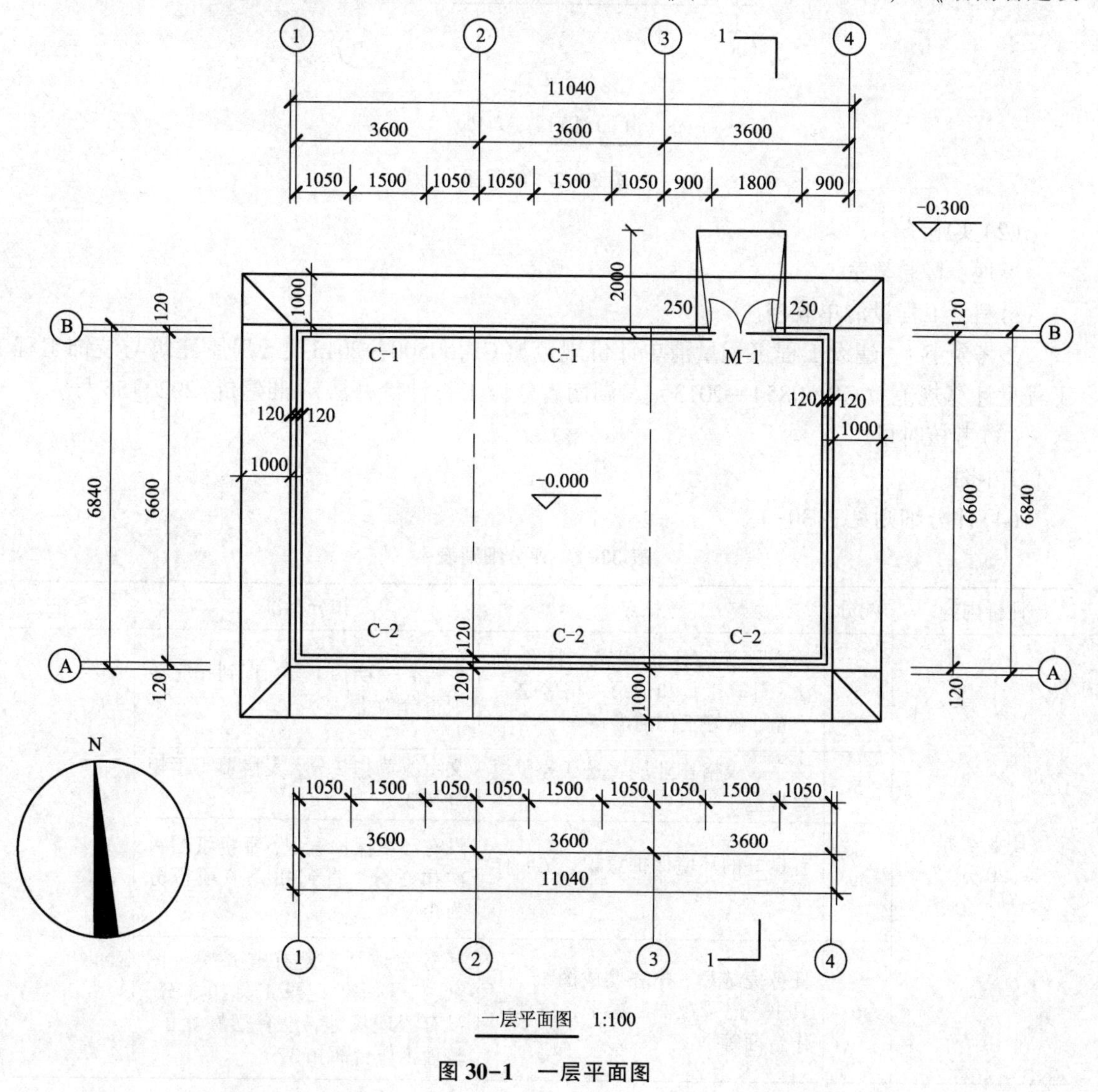

图 30-1 一层平面图

工程计价办法》(湘建价〔2020〕56 号)要求，编制该工程楼地面及踢脚线工程量清单。

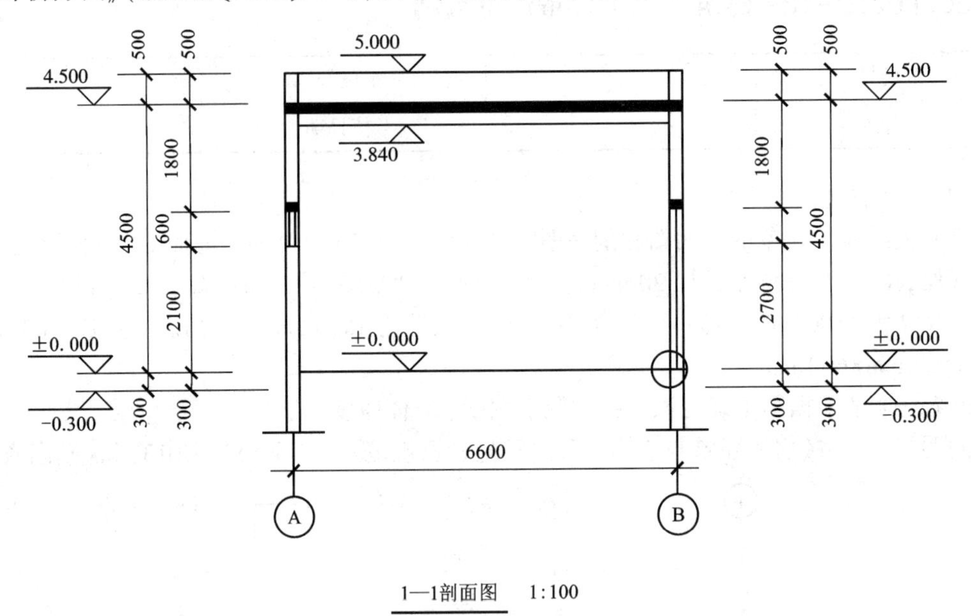

1—1剖面图　1:100

图 30-2　剖面图

(2)实施条件。

场地：普通教室。

材料：工程量清单表格。

参考资料：《建设工程工程量清单计价规范》(GB 50500—2013)、《房屋建筑与装饰工程工程量计算规范》(GB 50854—2013)、《湖南省建设工程计价办法》(湘建价〔2020〕56 号)。

(3)考核时量。

2 小时。

(4)评分细则见表 30-1。

表 30-1　评分细则表

评价内容	配分	考核点	扣分标准	备注
职业素养(20 分)	5	检查图纸、计价规范、计价办法、计算工具和记录表格等是否齐全，做好工作前准备	少检查一项扣 1 分，直到扣完该项得分为止	
	5	文字、表格作业应字迹工整、填写规范	文字潦草扣 2 分，表格填写不规范扣 3 分	
	4	有良好的环境保护意识，文明作业	没有环境保护意识，乱扔纸屑每次扣 2 分，直到扣完该项得分为止	
	6	任务完成后，整齐摆放图纸、工具书、记录工具、凳子，整理工作台面等	任务完成后，没有整齐摆放图纸、工具书、记录工具扣 3 分，没有清理场地，没有摆好凳子、整理工作台面扣 3 分	

续表 30-1

<table>
<tr><th colspan="3">评价内容</th><th>配分</th><th>考核点</th><th>扣分标准</th><th>备注</th></tr>
<tr><td rowspan="10">成果（80分）</td><td rowspan="4">工程量计算（50分）</td><td>工程识图</td><td>10</td><td>准确识读施工图纸、任务描述，能发现问题、分析问题和解决问题，准确回答问题</td><td>问题一少答或者回答错误一处扣5分，至10分为止</td><td rowspan="10">出现明显失误造成图纸、工具书、资料和记录工具严重损坏等；严重违反考场纪律，造成恶劣影响的第一大项计0分</td></tr>
<tr><td>计量单位</td><td>5</td><td>符合《房屋建筑与装饰工程工程量计算规范》(GB 50854—2013)要求</td><td>计量单位每错一处或少写一处扣2.5分，至5分为止</td></tr>
<tr><td>工程量计算式</td><td>30</td><td>计算规则符合《房屋建筑与装饰工程工程量计算规范》(GB 50854—2013)要求</td><td>楼地面工程量计算式错误扣15分；踢脚线工程量计算式错误扣15分</td></tr>
<tr><td>计算结果</td><td>5</td><td>计算结果正确</td><td>结果错误每处扣2.5分，至5分为止</td></tr>
<tr><td rowspan="6">工程量清单表格填写（30分）</td><td>项目编码</td><td>4</td><td>符合《房屋建筑与装饰工程工程量计算规范》(GB 50854—2013)要求</td><td>项目编码每错一处或少写一处扣2分，至4分为止</td></tr>
<tr><td>项目名称</td><td>4</td><td>符合《房屋建筑与装饰工程工程量计算规范》(GB 50854—2013)要求，并符合工程项目实际情况和工作任务要求</td><td>名称基本正确但没有结合任务背景描述清楚每错一处或少写一处扣2分，至4分为止</td></tr>
<tr><td>项目特征描述</td><td>6</td><td>符合《房屋建筑与装饰工程工程量计算规范》(GB 50854—2013)要求，并符合工程项目实际情况和工作任务要求</td><td>每错一处或少写一条扣1分，至6分为止</td></tr>
<tr><td>填写清单</td><td>6</td><td>符合《房屋建筑与装饰工程工程量计算规范》(GB 50854—2013)及《湖南省建设工程计价办法》(湘建价〔2020〕56号)等现行文件要求，清单表格齐全，填写数据完整</td><td>清单表格要齐全，填写数据要完整，每错一处或少写一条扣1分，至6分为止，全部错误不得分</td></tr>
<tr><td>编写编制说明封面</td><td>6</td><td>编制说明的内容、填写封面符合《建设工程工程量清单计价规范》(GB 50500—2013)及《湖南省建设工程计价办法》(湘建价〔2020〕56号)等现行文件要求</td><td>编制说明的内容，每错一处扣1分，至3分为止；封面每错一处扣1分，至3分为止</td></tr>
<tr><td>装订成册</td><td>4</td><td>表格装订顺序无误</td><td>装订顺序错误直接扣4分</td></tr>
</table>

31. 试题 2-19：建筑工程工程量清单编制

考场号		工位号	
评分人		考核日期	

(1)任务描述。

如图 31-1、图 31-2 所示，内墙面为 1∶2 水泥砂浆，外墙面为普通水泥白石子水刷石。门窗尺寸，M-1 为 900 mm×2000 mm；M-2 为 1200 mm×2000 mm；M-3 为 1000 mm×2000 mm；C-1 为 1500 mm×1500 mm；C-2 为 1800 mm×1500 mm；C-3 为 3000 mm×1500 mm。

问题一：请根据图纸确定室外地坪标高。

问题二：请按《房屋建筑与装饰工程工程量计算规范》(GB 50854—2013)和《湖南省建设工程计价办法》(湘建价〔2020〕56 号)要求，编制内、外墙面装饰工程量清单。

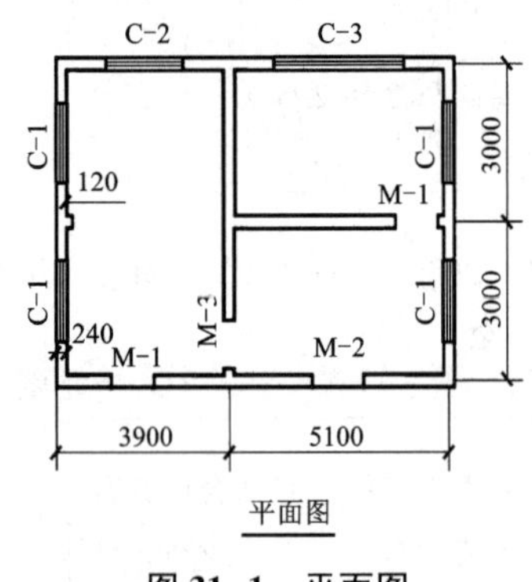

图 31-1 平面图

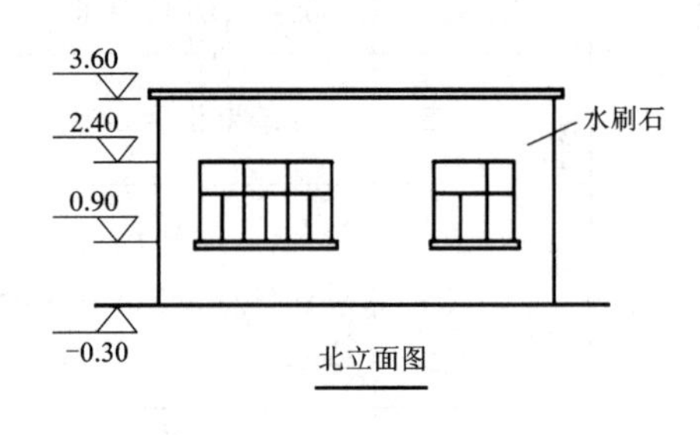

图 31-2 北立面图

(2)实施条件。

场地：普通教室。

材料：工程量清单表格。

参考资料：《建设工程工程量清单计价规范》(GB 50500—2013)、《房屋建筑与装饰工程工程量计算规范》(GB 50854—2013)、《湖南省建设工程计价办法》(湘建价〔2020〕56 号)。

(3)考核时量。

2 小时。

(4)评分细则见表 31-1。

表 31-1 评分细则表

评价内容	配分	考核点	扣分标准	备注
职业素养(20 分)	5	检查材料及工具是否齐全，做好工作前准备	少检查一项扣 2 分，直到扣完该项得分为止	
	5	文字、表格作业应字迹工整、填写规范	文字潦草扣 2 分，表格填写不规范扣 3 分	
	5	有良好的环境保护意识，文明作业	没有环境保护意识，乱扔纸屑每次扣 2 分，直到扣完该项得分为止	
	5	任务完成后，整齐摆放所给材料及工具、凳子，整理工作台面等	任务完成后，没有整齐摆放所给材料及工具扣 3 分，没有清理场地，没有摆好凳子、整理工作台面扣 2 分	

续表 31-1

评价内容			配分	考核点	扣分标准	备注
成果(80分)	工程量计算(50分)	工程识图	10	准确识读施工图纸、任务描述，能发现问题、分析问题和解决问题，准确回答问题	问题一答错不得分	出现明显失误造成图纸、工具书、资料和记录工具严重损坏等；严重违反考场纪律，造成恶劣影响的第一大项计0分
		计量单位	5	符合《房屋建筑与装饰工程工程量计算规范》(GB 50854—2013)要求	计量单位每错一处或少写一处扣2.5分	
		工程量计算式	30	计算规则符合《房屋建筑与装饰工程工程量计算规范》(GB 50854—2013)要求	每个计算式15分，计算公式错误扣5分，公式内参数每错一个扣2分，计算式表达不清楚扣5分，计算过程中间结果不正确扣3分，本项扣完为止	
		计算结果	5	计算结果正确	每一处计算结果错误扣2.5分	
	工程量清单表格填写(30分)	项目编码	4	符合《房屋建筑与装饰工程工程量计算规范》(GB 50854—2013)要求	每错一处或少写一处扣2分，全错扣4分	
		项目名称	4	符合《房屋建筑与装饰工程工程量计算规范》(GB 50854—2013)要求，并符合工程项目实际情况和工作任务要求	每错一处或少写一处扣2分，全错扣4分	
		项目特征描述	6	符合《房屋建筑与装饰工程工程量计算规范》(GB 50854—2013)要求，并符合工程项目实际情况和工作任务要求	每错一处或少写一条扣2分，至6分为止，全部错误不得分	
		填写清单	6	符合《房屋建筑与装饰工程工程量计算规范》(GB 50854—2013)及《湖南省建设工程计价办法》(湘建价〔2020〕56号)等现行文件要求，清单表格齐全，填写数据完整	清单表格要齐全，填写数据要完整，每错一处或少写一条扣1分，至6分为止，全部错误不得分	
		编写编制说明封面	6	编制说明的内容、填写封面符合《建设工程工程量清单计价规范》(GB 50500—2013)及《湖南省建设工程计价办法》(湘建价〔2020〕56号)等现行文件要求	编制说明的内容，每错一处扣1分，至3分为止；封面每错一处扣1分，至3分为止	
		装订成册	4	表格装订顺序无误	顺序错误扣4分	

32. 试题 2-20：建筑工程工程量清单编制

考场号		工位号	
评分人		考核日期	

(1)任务描述。

问题一：请根据所给附件一施工图纸(办公楼施工图)描述“顶 3”的做法。

问题二：根据所给附件一施工图纸(办公楼施工图)，请按《房屋建筑与装饰工程工程量计算规范》(GB 50854—2013)和《湖南省建设工程计价办法》(湘建价〔2020〕56 号)要求，编制该工程“顶 3”中混合砂浆顶棚(表面喷涂仿瓷涂料二遍)工程量清单。

(2)实施条件。

场地：普通教室。

材料：工程量清单表格、附件一施工图纸(办公楼施工图)。

参考资料：《建设工程工程量清单计价规范》(GB 50500—2013)、《房屋建筑与装饰工程工程量计算规范》(GB 50854—2013)、《湖南省建设工程计价办法》(湘建价〔2020〕56 号)。

(3)考核时量。

2 小时。

(4)评分细则见表 32-1。

表 32-1 评分细则表

评价内容	配分	考核点	扣分标准	备注
职业素养 (20 分)	5	检查材料及工具是否齐全，做好工作前准备	少检查一项扣 2 分，直到扣完该项得分为止	
	5	文字、表格作业应字迹工整、填写规范	文字潦草扣 2 分，表格填写不规范扣 3 分	
	5	有良好的环境保护意识，文明作业	没有环境保护意识，乱扔纸屑每次扣 2 分，直到扣完该项得分为止	
	5	任务完成后，整齐摆放所给材料及工具、凳子，整理工作台面等	任务完成后，没有整齐摆放所给材料及工具扣 3 分，没有清理场地，没有摆好凳子、整理工作台面扣 2 分	

续表 32-1

评价内容			配分	考核点	扣分标准	备注
成果（80分）	工程量计算（50分）	工程识图	10	准确识读施工图纸、任务描述，能发现问题、分析问题和解决问题，准确回答问题	问题一没有回答正确扣 10 分。少答或者回答错误一条扣 2.5 分	出现明显失误造成图纸、工具书、资料和记录工具严重损坏等；严重违反考场纪律，造成恶劣影响的第一大项计 0 分
		计量单位	5	符合《房屋建筑与装饰工程工程量计算规范》（GB 50854—2013）要求	计量单位错误不得分	
		工程量计算式	30	计算规则符合《房屋建筑与装饰工程工程量计算规范》（GB 50854—2013）要求	每层工程量计算式 15 分，计算公式错误扣 5 分，公式内参数每错一个扣 2 分，计算式表达不清楚扣 5 分，计算过程中间结果不正确扣 3 分，本项扣完为止	
		计算结果	5	计算结果正确	计量结果错误扣 5 分	
	工程量清单表格填写（30分）	项目编码	4	符合《房屋建筑与装饰工程工程量计算规范》（GB 50854—2013）要求	编码每错一处或少写一处扣 2 分	
		项目名称	4	符合《房屋建筑与装饰工程工程量计算规范》（GB 50854—2013）要求，并符合工程项目实际情况和工作任务要求	每错一处或少写一处扣 2 分，全错扣 4 分	
		项目特征描述	6	符合《房屋建筑与装饰工程工程量计算规范》（GB 50854—2013）要求，并符合工程项目实际情况和工作任务要求	每错一处或少写一条扣 1 分，至 6 分为止，全部错误不得分	
		填写清单	6	符合《房屋建筑与装饰工程工程量计算规范》（GB 50854—2013）及《湖南省建设工程计价办法》（湘建价〔2020〕56 号）等现行文件要求，清单表格齐全，填写数据完整	清单表格要齐全，填写数据要完整，每错一处或少写一条扣 1 分，至 6 分为止，全部错误不得分	
		编写编制说明封面	6	编制说明的内容、填写封面符合《建设工程工程量清单计价规范》（GB 50500—2013）及《湖南省建设工程计价办法》（湘建价〔2020〕56 号）等现行文件要求	编制说明的内容，每错一处扣 1 分，至 3 分为止；封面每错一处扣 1 分，至 3 分为止	
		装订成册	4	表格装订顺序无误	顺序错误扣 4 分	

33. 试题 2-21：建筑工程工程量清单编制

考场号		工位号	
评分人		考核日期	

(1)任务描述。

已知图 33-1 中，会议室吊顶面为纸面石膏板，墙厚均为 240 mm。

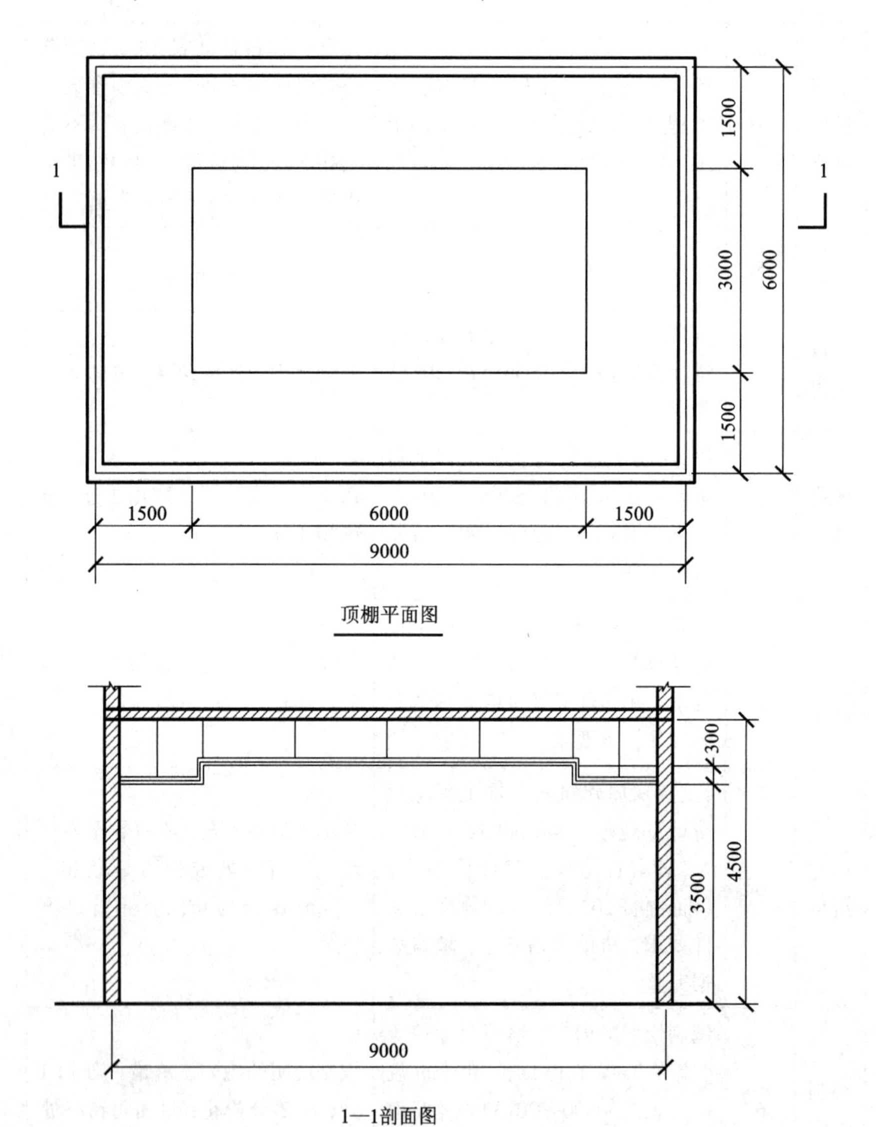

图 33-1　顶棚平面图及剖面图

问题一：根据图示计算出跌级高差。

问题二：请按《房屋建筑与装饰工程工程量计算规范》(GB 50854—2013)和《湖南省建设工程计价办法》(湘建价〔2020〕56 号)要求，编制该天棚饰面板的工程量清单。

(2)实施条件。

场地：普通教室。

材料：工程量清单表格。

参考资料：《建设工程工程量清单计价规范》(GB 50500—2013)、《房屋建筑与装饰工程工程量计算规范》(GB 50854—2013)、《湖南省建设工程计价办法》(湘建价〔2020〕56 号)。

(3)考核时量。

2 小时。

(4)评分细则见表 33-1。

表 33-1 评分细则表

评价内容	配分	考核点	扣分标准	备注
职业素养(20 分)	5	检查材料及工具是否齐全，做好工作前准备	少检查一项扣 2 分，直到扣完该项得分为止	
	5	文字、表格作业应字迹工整、填写规范	文字潦草扣 2 分，表格填写不规范扣 3 分	
	5	有良好的环境保护意识，文明作业	没有环境保护意识，乱扔纸屑每次扣 2 分，直到扣完该项得分为止	
	5	任务完成后，整齐摆放所给材料及工具、凳子，整理工作台面等	任务完成后，没有整齐摆放所给材料及工具扣 3 分，没有清理场地，没有摆好凳子、整理工作台面扣 2 分	

续表 33-1

评价内容			配分	考核点	扣分标准	备注
成果（80分）	工程量计算（50分）	工程识图	10	准确识读施工图纸、任务描述，能发现问题、分析问题和解决问题，准确回答问题	问题一答错不得分	出现明显失误造成图纸、工具书、资料和记录工具严重损坏等；严重违反考场纪律，造成恶劣影响的第一大项计0分
		计量单位	5	符合《房屋建筑与装饰工程工程量计算规范》（GB 50854—2013）要求	计量单位错误不得分	
		工程量计算式	30	计算规则符合《房屋建筑与装饰工程工程量计算规范》（GB 50854—2013）要求	公式错误扣15分，公式内数据错误每个扣3分，扣完为止	
		计算结果	5	计算结果正确	计量结果错误扣5分	
	工程量清单表格填写（30分）	项目编码	4	符合《房屋建筑与装饰工程工程量计算规范》（GB 50854—2013）要求	编码错误扣4分	
		项目名称	4	符合《房屋建筑与装饰工程工程量计算规范》（GB 50854—2013）要求，并符合工程项目实际情况和工作任务要求	名称基本正确但没有结合任务背景描述清楚扣2分，完全错误扣4分	
		项目特征描述	6	符合《房屋建筑与装饰工程工程量计算规范》（GB 50854—2013）要求，并符合工程项目实际情况和工作任务要求	每错一处或少写一条扣3分，至6分为止，全部错误不得分	
		填写清单	6	符合《房屋建筑与装饰工程工程量计算规范》（GB 50854—2013）及《湖南省建设工程计价办法》（湘建价〔2020〕56号）等现行文件要求，清单表格齐全，填写数据完整	清单表格要齐全，填写数据要完整，每错一处或少写一条扣1分，至6分为止，全部错误不得分	
		编写编制说明封面	6	编制说明的内容、填写封面符合《建设工程工程量清单计价规范》（GB 50500—2013）及《湖南省建设工程计价办法》（湘建价〔2020〕56号）等现行文件要求	编制说明的内容，每错一处扣1分，至3分为止；封面每错一处扣1分，至3分为止	
		装订成册	4	表格装订顺序无误	顺序错误扣4分	

34. 试题 2-22：建筑工程工程量清单编制

考场号		工位号	
评分人		考核日期	

(1)任务描述。

问题一：请根据所给附件一施工图纸(办公楼施工图)描述该工程门的类型、尺寸。

问题二：根据所给附件一施工图纸(办公楼施工图)、《房屋建筑与装饰工程工程量计算规范》(GB 50854—2013)和《湖南省建设工程计价办法》(湘建价〔2020〕56 号)，完成门工程量清单编制。

(2)实施条件。

场地：普通教室。

材料：工程量清单表格、附件一施工图纸(办公楼施工图)。

参考资料：《建设工程工程量清单计价规范》(GB 50500—2013)、《房屋建筑与装饰工程工程量计算规范》(GB 50854—2013)、《湖南省建设工程计价办法》(湘建价〔2020〕56 号)。

(3)考核时量。

2 小时。

(4)评分细则见表 34-1。

表 34-1 评分细则表

评价内容	配分	考核点	扣分标准	备注
职业素养(20 分)	5	检查材料及工具是否齐全，做好工作前准备	少检查一项扣 2 分，直到扣完该项得分为止	
	5	文字、表格作业应字迹工整、填写规范	文字潦草扣 2 分，表格填写不规范扣 3 分	
	5	有良好的环境保护意识，文明作业	没有环境保护意识，乱扔纸屑每次扣 2 分，直到扣完该项得分为止	
	5	任务完成后，整齐摆放所给材料及工具、凳子，整理工作台面等	任务完成后，没有整齐摆放所给材料及工具扣 3 分，没有清理场地，没有摆好凳子、整理工作台面扣 2 分	

续表 34-1

评价内容			配分	考核点	扣分标准	备注
成果（80分）	工程量计算（50分）	工程识图	10	准确识读施工图纸、任务描述，能发现问题、分析问题和解决问题，准确回答问题	门的类型回答错误一处扣 2.5 分，门的尺寸回答错误一处扣 2.5 分，扣完为止	出现明显失误造成图纸、工具书、资料和记录工具严重损坏等；严重违反考场纪律，造成恶劣影响的第一大项计 0 分
		计量单位	4	符合《房屋建筑与装饰工程工程量计算规范》（GB 50854—2013）要求	计量单位每错一处或少写一处扣 1 分，全部错误不得分	
		工程量计算式	30	计算规则符合《房屋建筑与装饰工程工程量计算规范》（GB 50854—2013）要求	每个计算式 7.5 分	
		计算结果	6	计算结果正确	计量结果每错一个扣 1.5 分	
	工程量清单表格填写（30分）	项目编码	4	符合《房屋建筑与装饰工程工程量计算规范》（GB 50854—2013）要求	编码每错一处或少写一处扣 1 分	
		项目名称	4	符合《房屋建筑与装饰工程工程量计算规范》（GB 50854—2013）要求，并符合工程项目实际情况和工作任务要求	名称每错一处或少写一处扣 1 分	
		项目特征描述	6	符合《房屋建筑与装饰工程工程量计算规范》（GB 50854—2013）要求，并符合工程项目实际情况和工作任务要求	每错一处或少写一条扣 1 分，至 6 分为止，全部错误不得分	
		填写清单	6	符合《房屋建筑与装饰工程工程量计算规范》（GB 50854—2013）及《湖南省建设工程计价办法》（湘建价〔2020〕56 号）等现行文件要求，清单表格齐全，填写数据完整	清单表格要齐全，填写数据要完整，每错一处或少写一条扣 1 分，至 6 分为止，全部错误不得分	
		编写编制说明封面	6	编制说明的内容、填写封面符合《建设工程工程量清单计价规范》（GB 50500—2013）及《湖南省建设工程计价办法》（湘建价〔2020〕56 号）等现行文件要求	编制说明的内容，每错一处扣 1 分，至 3 分为止；封面每错一处扣 1 分，至 3 分为止	
		装订成册	4	表格装订顺序无误	顺序错误扣 4 分	

项目八　安装工程工程量清单编制

35. 试题 2-23：安装工程工程量清单编制

考场号		工位号	
评分人		考核日期	

(1)任务描述。

附件二为某三层建筑生活给排水施工图纸，依据《通用安装工程工程量计算规范》(GB 50856—2013)和《湖南省建设工程计价办法》(湘建价〔2020〕56 号)，回答以下问题。

问题一：请描述该工程中给水管道的材质以及连接方式。

问题二：请完成该图纸中给水工程的管道工程、管道附件(截止阀、水表)的工程量清单编制。

(2)实施条件。

场地：普通教室。

材料：工程量清单表格。

参考资料：《建设工程工程量清单计价规范》(GB 50500—2013)、《通用安装工程工程量计算规范》(GB 50856—2013)和《湖南省建设工程计价办法》(湘建价〔2020〕56 号)。

(3)考核时量。

2 小时。

(4)评分细则见表 35-1。

表 35-1　评分细则表

评价内容	配分	考核点	扣分标准	备注
职业素养(20 分)	5	检查材料及工具是否齐全，做好工作前准备	少检查一项扣 2 分，直到扣完该项得分为止	
	5	文字、表格作业应字迹工整、填写规范	文字潦草扣 2 分，表格填写不规范扣 3 分	
	5	有良好的环境保护意识，文明作业	没有环境保护意识，乱扔纸屑每次扣 2 分，直到扣完该项得分为止	
	5	任务完成后，整齐摆放所给材料及工具、凳子，整理工作台面等	任务完成后，没有整齐摆放所给材料及工具扣 3 分，没有清理场地，没有摆好凳子、整理工作台面扣 2 分	

续表 35-1

<table>
<tr><th colspan="3">评价内容</th><th>配分</th><th>考核点</th><th>扣分标准</th><th>备注</th></tr>
<tr><td rowspan="10">成果（80分）</td><td rowspan="4">工程量计算（50分）</td><td>工程识图</td><td>10</td><td>图纸识读准确，能发现问题、分析问题和解决问题，准确回答问题</td><td>问题一没有回答正确扣 10 分；少答或者回答错误一处扣 5 分</td><td rowspan="10">出现明显失误造成图纸、工具书、资料和记录工具严重损坏等；严重违反考场纪律，造成恶劣影响的第一大项计 0 分</td></tr>
<tr><td>计量单位</td><td>5</td><td>符合《通用安装工程工程量计算规范》（GB 50856—2013）要求</td><td>计量单位每错一处或少写一处扣 1 分，至 5 分为止</td></tr>
<tr><td>工程量计算式</td><td>25</td><td>计算规则符合《通用安装工程工程量计算规范》（GB 50856—2013）要求</td><td>不符合要求一项扣 5 分，扣完为止</td></tr>
<tr><td>计算结果</td><td>10</td><td>计算结果正确</td><td>结果计算错误一项扣 2 分，扣完为止</td></tr>
<tr><td rowspan="6">工程量清单表格填写（30分）</td><td>项目编码</td><td>5</td><td>符合《通用安装工程工程量计算规范》（GB 50856—2013）要求</td><td>项目编码填写错误扣 1 分，扣完为止</td></tr>
<tr><td>项目名称</td><td>5</td><td>符合《通用安装工程工程量计算规范》（GB 50856—2013）要求，并符合工程项目实际情况和工作任务要求</td><td>项目名称填写不准确扣 1 分，扣完为止</td></tr>
<tr><td>项目特征描述</td><td>5</td><td>符合《通用安装工程工程量计算规范》（GB 50856—2013）要求，并符合工程项目实际情况和工作任务要求</td><td>项目特征填写不正确扣 1 分，扣完为止</td></tr>
<tr><td>填写清单</td><td>5</td><td>符合《通用安装工程工程量计算规范》（GB 50856—2013）及《湖南省建设工程计价办法》（湘建价〔2020〕56 号）等现行文件要求，清单表格齐全，填写数据完整</td><td>错项或漏项，一项扣 1 分，扣完为止</td></tr>
<tr><td>编写编制说明封面</td><td>5</td><td>编制说明的内容、填写封面符合《建设工程工程量清单计价规范》（GB 50500—2013）及《湖南省建设工程计价办法》（湘建价〔2020〕56 号）等现行文件要求</td><td>错一处扣 1 分扣完为止</td></tr>
<tr><td>装订成册</td><td>5</td><td>表格装订顺序无误</td><td>顺序错误扣 5 分</td></tr>
</table>

36. 试题 2-24：安装工程工程量清单编制

考场号		工位号	
评分人		考核日期	

（1）任务描述。

附件二为某三层建筑生活给排水施工图纸，依据《通用安装工程工程量计算规范》（GB 50856—2013）和《湖南省建设工程计价办法》（湘建价〔2020〕56 号），回答以下问题。

问题一：请描述该工程中排水管道的材质以及连接方式。

问题二：请完成该图纸中排水工程的管道工程、卫生器具（地漏、坐便器、洗脸盆）的工程量清单编制。

（2）实施条件。

场地：普通教室。

材料：工程量清单表格。

参考资料：《建设工程工程量清单计价规范》（GB 50500—2013）、《通用安装工程工程量计算规范》（GB 50856—2013）和《湖南省建设工程计价办法》（湘建价〔2020〕56 号）。

（3）考核时量。

2 小时。

（4）评分细则见表 36-1。

表 36-1　评分细则表

评价内容	配分	考核点	扣分标准	备注
职业素养（20 分）	5	检查材料及工具是否齐全，做好工作前准备	少检查一项扣 2 分，直到扣完该项得分为止	
	5	文字、表格作业应字迹工整、填写规范	文字潦草扣 2 分，表格填写不规范扣 3 分	
	5	有良好的环境保护意识，文明作业	没有环境保护意识，乱扔纸屑每次扣 2 分，直到扣完该项得分为止	
	5	任务完成后，整齐摆放所给材料及工具、凳子，整理工作台面等	任务完成后，没有整齐摆放所给材料及工具扣 3 分，没有清理场地，没有摆好凳子、整理工作台面扣 2 分	

续表 36-1

<table>
<tr><th colspan="3">评价内容</th><th>配分</th><th>考核点</th><th>扣分标准</th><th>备注</th></tr>
<tr><td rowspan="10">成果（80分）</td><td rowspan="4">工程量计算（50分）</td><td>工程识图</td><td>10</td><td>图纸识读准确，能发现问题、分析问题和解决问题，准确回答问题</td><td>问题一没有回答正确扣 10 分；少答或者回答错误一处扣 5 分，直到扣完该项得分为止</td><td rowspan="10">出现明显失误造成图纸、工具书、资料和记录工具严重损坏等；严重违反考场纪律，造成恶劣影响的第一大项计 0 分</td></tr>
<tr><td>计量单位</td><td>5</td><td>符合《通用安装工程工程量计算规范》（GB 50856—2013）要求</td><td>计量单位每错一处或少写一处扣 2.5 分，至 5 分为止</td></tr>
<tr><td>工程量计算式</td><td>25</td><td>计算规则符合《通用安装工程工程量计算规范》（GB 50856—2013）要求</td><td>不符合要求一项扣 5 分，扣完为止</td></tr>
<tr><td>计算结果</td><td>10</td><td>计算结果正确</td><td>结果计算错误一项扣 5 分，扣完为止</td></tr>
<tr><td rowspan="6">工程量清单表格填写（30分）</td><td>项目编码</td><td>5</td><td>符合《通用安装工程工程量计算规范》（GB 50856—2013）要求</td><td>项目编码填写错误扣 2.5 分，扣完为止</td></tr>
<tr><td>项目名称</td><td>5</td><td>符合《通用安装工程工程量计算规范》（GB 50856—2013）要求，并符合工程项目实际情况和工作任务要求</td><td>项目名称填写不准确扣 2.5 分，扣完为止</td></tr>
<tr><td>项目特征描述</td><td>5</td><td>符合《通用安装工程工程量计算规范》（GB 50856—2013）要求，并符合工程项目实际情况和工作任务要求</td><td>项目特征填写不正确扣 1 分，扣完为止</td></tr>
<tr><td>填写清单</td><td>5</td><td>符合《通用安装工程工程量计算规范》（GB 50856—2013）及《湖南省建设工程计价办法》（湘建价〔2020〕56 号）等现行文件要求，清单表格齐全，填写数据完整</td><td>错项或漏项，一项扣 2.5 分，扣完为止</td></tr>
<tr><td>编写编制说明封面</td><td>5</td><td>编制说明的内容、填写封面符合《建设工程工程量清单计价规范》（GB 50500—2013）及《湖南省建设工程计价办法》（湘建价〔2020〕56 号）等现行文件要求</td><td>错一处扣一分扣完为止</td></tr>
<tr><td>装订成册</td><td>5</td><td>表格装订顺序无误</td><td>顺序错误扣 5 分</td></tr>
</table>

37. 试题 2-25：安装工程工程量清单编制

考场号		工位号	
评分人		考核日期	

(1)任务描述。

附件三为某高校学生宿舍电气照明工程施工图，依据《通用安装工程工程量计算规范》(GB 50856—2013)和《湖南省建设工程计价办法》(湘建价〔2020〕56 号)，回答以下问题。

问题一：请描述 BV-3 * 2.5-PVC20/WC，CC 的含义。

问题二：请完成该工程的配电箱 Mo、空调插座、照明开关(双极开关)、首层 1b2 回路(从 M1 配电箱引出)的配管、配线的工程量清单编制。

(2)实施条件。

场地：普通教室。

材料：工程量清单表格。

参考资料：《建设工程工程量清单计价规范》(GB 50500—2013)、《通用安装工程工程量计算规范》(GB 50856—2013)和《湖南省建设工程计价办法》(湘建价〔2020〕56 号)。

(3)考核时量。

2 小时。

(4)评分细则见表 37-1。

表 37-1 评分细则表

评价内容	配分	考核点	扣分标准	备注
职业素养(20 分)	5	检查材料及工具是否齐全，做好工作前准备	少检查一项扣 2 分，直到扣完该项得分为止	
	5	文字、表格作业应字迹工整、填写规范	文字潦草扣 2 分，表格填写不规范扣 3 分	
	5	有良好的环境保护意识，文明作业	没有环境保护意识，乱扔纸屑每次扣 2 分，直到扣完该项得分为止	
	5	任务完成后，整齐摆放所给材料及工具、凳子，整理工作台面等	任务完成后，没有整齐摆放所给材料及工具扣 3 分，没有清理场地，没有摆好凳子、整理工作台面扣 2 分	

续表 37-1

评价内容			配分	考核点	扣分标准	备注
成果（80分）	工程量计算（50分）	工程识图	10	图纸识读准确，能发现问题、分析问题和解决问题，准确回答问题	问题一没有回答正确扣10分	出现明显失误造成图纸、工具书、资料和记录工具严重损坏等；严重违反考场纪律，造成恶劣影响的第一大项计0分
		计量单位	5	符合《通用安装工程工程量计算规范》（GB 50856—2013）要求	计量单位每错一处或少写一处扣1分，至5分为止	
		工程量计算式	25	计算规则符合《通用安装工程工程量计算规范》（GB 50856—2013）要求	不符合要求一项扣5分，扣完为止	
		计算结果	10	计算结果正确	结果计算错误一项扣2分，扣完为止	
	工程量清单表格填写（30分）	项目编码	5	符合《通用安装工程工程量计算规范》（GB 50856—2013）要求	项目编码填写错误扣1分，扣完为止	
		项目名称	5	符合《通用安装工程工程量计算规范》（GB 50856—2013）要求，并符合工程项目实际情况和工作任务要求	项目名称填写不准确扣1分，扣完为止	
		项目特征描述	5	符合《通用安装工程工程量计算规范》（GB 50856—2013）要求，并符合工程项目实际情况和工作任务要求	项目特征填写不完善扣1分，扣完为止	
		填写清单	5	符合《通用安装工程工程量计算规范》（GB 50856—2013）及《湖南省建设工程计价办法》（湘建价〔2020〕56号）等现行文件要求，清单表格齐全，填写数据完整	错项或漏项，一项扣1分，扣完为止	
		编写编制说明封面	5	编制说明的内容、填写封面符合《建设工程工程量清单计价规范》（GB 50500—2013）及《湖南省建设工程计价办法》（湘建价〔2020〕56号）等现行文件要求	错一处扣一分扣完为止	
		装订成册	5	表格装订顺序无误	顺序错误扣5分	

项目九　市政工程工程量清单编制

38. 试题 2-26：市政工程工程量清单编制

考场号		工位号	
评分人		考核日期	

(1)任务描述。

某市政道路工程如图 38-1、图 38-2 所示。起点桩号 K0+039.5，终点桩号 K0+339.5，标准横断面为双向四车道一块板断面型式，路面宽度 20 m。

问题一：请根据图纸列出道路面层及道路基层。

问题二：请按《市政工程工程量计算规范》(GB 50857—2013)和《湖南省建设工程计价办法》(湘建价〔2020〕56 号)要求，编制图 38-1 市政道路工程中面层工程量清单。

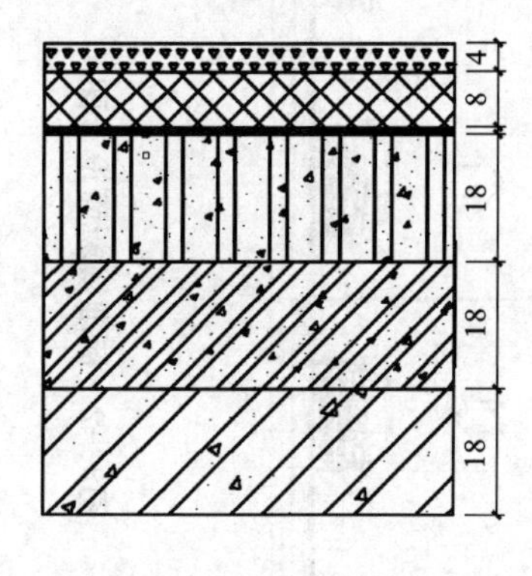

图 38-1　路面结构图

(2)实施条件。

场地：普通教室。

材料：工程量清单表格。

参考资料：《建设工程工程量清单计价规范》(GB 50500—2013)、《市政工程工程量计算规范》(GB 50857—2013)和《湖南省建设工程计价办法》(湘建价〔2020〕56 号)。

(3)考核时量。

2 小时。

(4)评分细则见表 38-1。

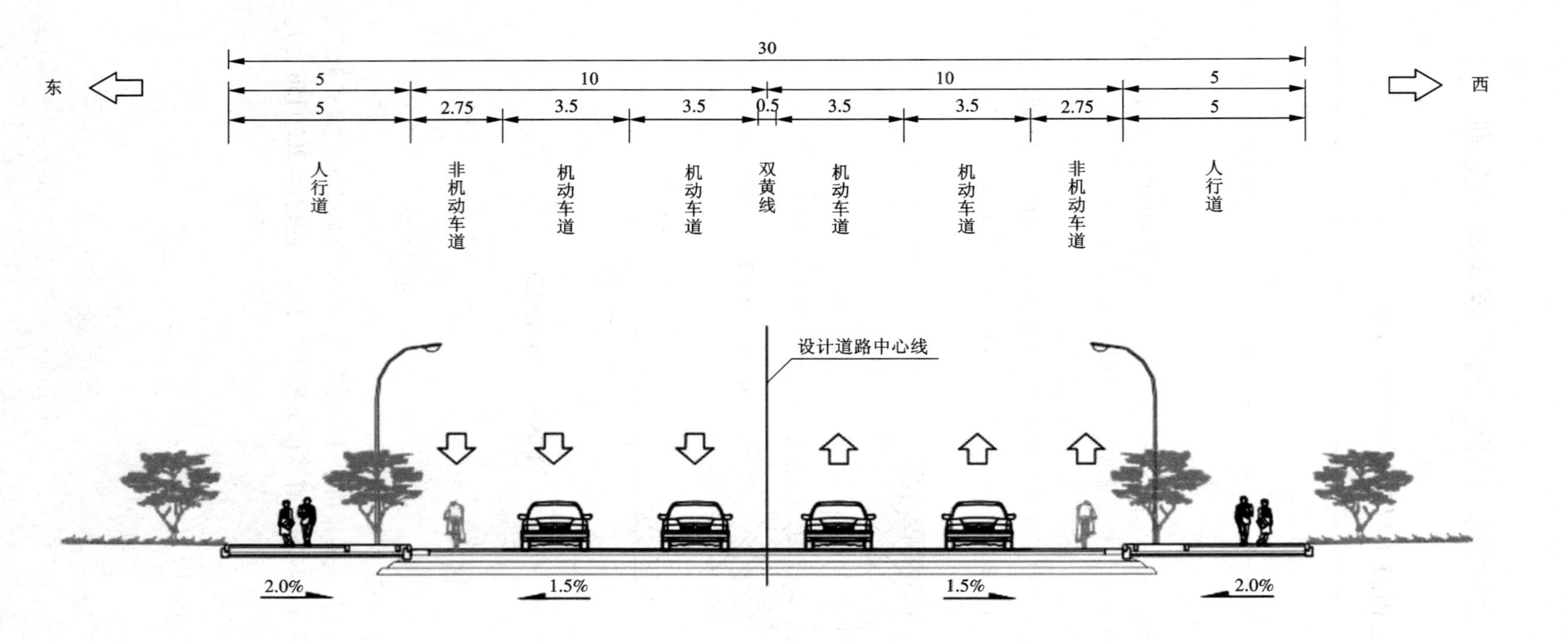

图38-2　标准横断面设计图

表 38-1 评分细则表

评价内容			配分	考核点	扣分标准	备注
职业素养（20 分）			5	检查材料及工具是否齐全，做好工作前准备	少检查一项扣 2 分，直到扣完该项得分为止	出现明显失误造成图纸、工具书、资料和记录工具严重损坏等；严重违反考场纪律，造成恶劣影响的第一大项计 0 分
			5	文字、表格作业应字迹工整、填写规范	文字潦草扣 2 分，表格填写不规范扣 3 分	
			5	有良好的环境保护意识，文明作业	没有环境保护意识，乱扔纸屑每次扣 2 分，直到扣完该项得分为止	
			5	任务完成后，整齐摆放所给材料及工具、凳子，整理工作台面等	任务完成后，没有整齐摆放所给材料及工具扣 3 分，没有清理场地，没有摆好凳子、整理工作台面扣 2 分	
成果（80 分）	工程量计算（50 分）	工程识图	10	图纸识读准确，能发现问题、分析问题和解决问题，准确回答问题	问题一没有回答正确扣 10 分；少答或者回答错误一处扣 5 分	
		计量单位	5	符合《市政工程工程量计算规范》（GB 50857—2013）要求	计量单位每错一处或少写一处扣 1 分，至 5 分为止	
		工程量计算式	25	计算规则符合《市政工程工程量计算规范》（GB 50857—2013）要求	不符合要求一项扣 5 分，扣完为止	
		计算结果	10	计算结果正确	结果计算错误一项扣 2 分，扣完为止	
	工程量清单表格填写（30 分）	项目编码	5	符合《市政工程工程量计算规范》（GB 50857—2013）要求	项目编码填写错误扣 1 分，扣完为止	
		项目名称	5	符合《市政工程工程量计算规范》（GB 50857—2013）要求，并符合工程项目实际情况和工作任务要求	项目名称填写不准确扣 1 分，扣完为止	
		项目特征描述	5	符合《市政工程工程量计算规范》（GB 50857—2013）要求，并符合工程项目实际情况和工作任务要求	项目特征填写不正确扣 1 分，扣完为止	
		填写清单	5	符合《市政工程工程量计算规范》（GB 50857—2013）及《湖南省建设工程计价办法》（湘建价〔2020〕56 号）等现行文件要求，清单表格齐全，填写数据完整	错项或漏项，一项扣 1 分，扣完为止	
		编写编制说明封面	5	编制说明的内容、填写封面符合《建设工程工程量清单计价规范》（GB 50500—2013）及《湖南省建设工程计价办法》（湘建价〔2020〕56 号）等现行文件要求	错一处扣 1 分扣完为止	
		装订成册	5	表格装订顺序无误	顺序错误扣 5 分	

39. 试题 2-27：市政工程工程量清单编制

考场号		工位号	
评分人		考核日期	

(1)任务描述。

某市政管道工程如图 39-1、图 39-2 所示。

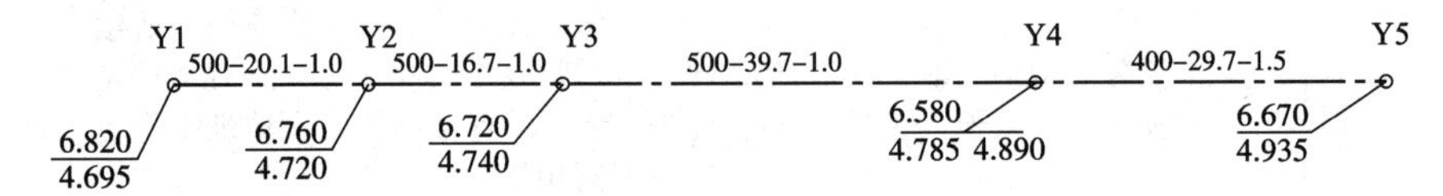

图 39-1 管道平面图

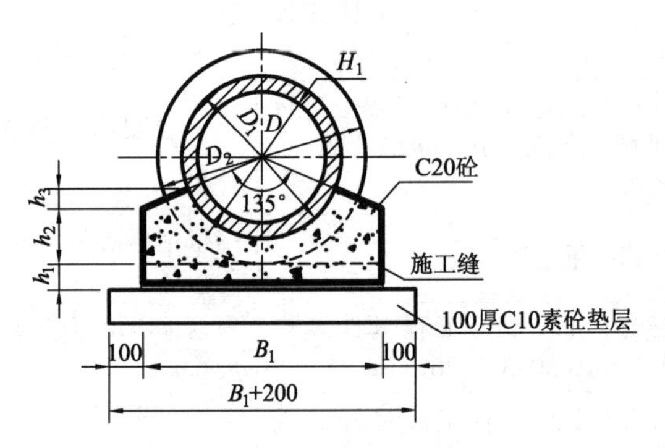

图 39-2 管道铺设基础结构图

问题一：请根据图纸列出管道应按照几种规格计算，分别是什么？

问题二：请按《市政工程工程量计算规范》(GB 50857—2013)和《湖南省建设工程计价办法》(湘建价〔2020〕56 号)要求，编制市政管道铺设工程量清单。

(2)实施条件。

场地：普通教室。

材料：工程量清单表格。

参考资料：《建设工程工程量清单计价规范》(GB 50500—2013)、《市政工程工程量计算规范》(GB 50857—2013)和《湖南省建设工程计价办法》(湘建价〔2020〕56 号)。

(3)考核时量。

2 小时。

(4)评分细则见表 39-1。

表 39-1　评分细则表

<table>
<tr><th colspan="3">评价内容</th><th>配分</th><th>考核点</th><th>扣分标准</th><th>备注</th></tr>
<tr><td colspan="3" rowspan="4">职业素养（20分）</td><td>5</td><td>检查材料及工具是否齐全，做好工作前准备</td><td>少检查一项扣2分，直到扣完该项得分为止</td><td rowspan="14">出现明显失误造成图纸、工具书、资料和记录工具严重损坏等；严重违反考场纪律，造成恶劣影响的第一大项计0分</td></tr>
<tr><td>5</td><td>文字、表格作业应字迹工整、填写规范</td><td>文字潦草扣2分，表格填写不规范扣3分</td></tr>
<tr><td>5</td><td>有良好的环境保护意识，文明作业</td><td>没有环境保护意识，乱扔纸屑每次扣2分，直到扣完该项得分为止</td></tr>
<tr><td>5</td><td>任务完成后，整齐摆放所给材料及工具、凳子，整理工作台面等</td><td>任务完成后，没有整齐摆放所给材料及工具扣3分，没有清理场地，没有摆好凳子、整理工作台面扣2分</td></tr>
<tr><td rowspan="10">成果（80分）</td><td rowspan="4">工程量计算（50分）</td><td>工程识图</td><td>10</td><td>图纸识读准确，能发现问题、分析问题和解决问题，准确回答问题</td><td>问题一没有回答正确扣10分；少答或者回答错误一处扣5分，直到扣完该项得分为止</td></tr>
<tr><td>计量单位</td><td>5</td><td>符合《市政工程工程量计算规范》（GB 50857—2013）要求</td><td>计量单位每错一处或少写一处扣2.5分，至5分为止</td></tr>
<tr><td>工程量计算式</td><td>25</td><td>计算规则符合《市政工程工程量计算规范》（GB 50857—2013）要求</td><td>不符合要求一项扣5分，扣完为止</td></tr>
<tr><td>计算结果</td><td>10</td><td>计算结果正确</td><td>结果计算错误一项扣5分，扣完为止</td></tr>
<tr><td rowspan="6">工程量清单表格填写（30分）</td><td>项目编码</td><td>5</td><td>符合《市政工程工程量计算规范》（GB 50857—2013）要求</td><td>项目编码填写错误扣2.5分，扣完为止</td></tr>
<tr><td>项目名称</td><td>5</td><td>符合《市政工程工程量计算规范》（GB 50857—2013）要求，并符合工程项目实际情况和工作任务要求</td><td>项目名称填写不准确扣2.5分，扣完为止</td></tr>
<tr><td>项目特征描述</td><td>5</td><td>符合《市政工程工程量计算规范》（GB 50857—2013）要求，并符合工程项目实际情况和工作任务要求</td><td>项目特征填写不正确扣1分，扣完为止</td></tr>
<tr><td>填写清单</td><td>5</td><td>符合《市政工程工程量计算规范》（GB 50857—2013）及《湖南省建设工程计价办法》（湘建价〔2020〕56号）等现行文件要求，清单表格齐全，填写数据完整</td><td>错项或漏项，一项扣2.5分，扣完为止</td></tr>
<tr><td>编写编制说明封面</td><td>5</td><td>编制说明的内容、填写封面符合《建设工程工程量清单计价规范》（GB 50500—2013）及《湖南省建设工程计价办法》（湘建价〔2020〕56号）等现行文件要求</td><td>错一处扣一分扣完为止</td></tr>
<tr><td>装订成册</td><td>5</td><td>表格装订顺序无误</td><td>顺序错误扣5分</td></tr>
</table>

40. 试题 2-28：市政工程工程量清单编制

考场号		工位号	
评分人		考核日期	

(1)任务描述。

某市政桥梁工程部分工程量如表 40-1 所示，桥面铺装为 10 cm 的 C35 混凝土。

表 40-1　某市政桥梁工程部分工程量表

项目 材料		单位	上部构造				桥台			合计
			现浇实心板	桥面铺装	防撞护栏	桥面连续	台帽	台身	基础	
混凝土	C35	m^3		5.7						5.7
	C30	m^3	34.1				3.3			37.4
	C20	m^3			5				5	10

问题一：请根据表格列出该部分混凝土应分几项计算。

问题二：请按《市政工程工程量计算规范》(GB 50857—2013)和《湖南省建设工程计价办法》(湘建价〔2020〕56 号)要求，编制该市政桥梁工程中混凝土工程量清单。

(2)实施条件。

场地：普通教室。

材料：工程量清单表格。

参考资料：《建设工程工程量清单计价规范》(GB 50500—2013)、《市政工程工程量计算规范》(GB 50857—2013)和《湖南省建设工程计价办法》(湘建价〔2020〕56 号)。

(3)考核时量。

2 小时。

(4)评分细则见表 40-2。

表 40-2 评分细则表

评价内容			配分	考核点	扣分标准	备注
职业素养（20 分）			5	检查材料及工具是否齐全，做好工作前准备	少检查一项扣 2 分，直到扣完该项得分为止	出现明显失误造成图纸、工具书、资料和记录工具严重损坏等；严重违反考场纪律，造成恶劣影响的第一大项计 0 分
			5	文字、表格作业应字迹工整、填写规范	文字潦草扣 2 分，表格填写不规范扣 3 分	
			5	有良好的环境保护意识，文明作业	没有环境保护意识，乱扔纸屑每次扣 2 分，直到扣完该项得分为止	
			5	任务完成后，整齐摆放所给材料及工具、凳子，整理工作台面等	任务完成后，没有整齐摆放所给材料及工具扣 3 分，没有清理场地，没有摆好凳子、整理工作台面扣 2 分	
成果（80 分）	工程量计算（50 分）	工程识图	10	图纸识读准确，能发现问题、分析问题和解决问题，准确回答问题	问题 1 没有回答正确扣 10 分	
		计量单位	5	符合《市政工程工程量计算规范》（GB 50857—2013）要求	计量单位每错一处或少写一处扣 1 分，至 5 分为止	
		工程量计算式	25	计算规则符合《市政工程工程量计算规范》（GB 50857—2013）要求	不符合要求一项扣 5 分，扣完为止	
		计算结果	10	计算结果正确	结果计算错误一项扣 2 分，扣完为止	
	工程量清单表格填写（30 分）	项目编码	5	符合《市政工程工程量计算规范》（GB 50857—2013）要求	项目编码填写错误扣 1 分，扣完为止	
		项目名称	5	符合《市政工程工程量计算规范》（GB 50857—2013）要求，并符合工程项目实际情况和工作任务要求	项目名称填写不准确扣 1 分，扣完为止	
		项目特征描述	5	符合《市政工程工程量计算规范》（GB 50857—2013）要求，并符合工程项目实际情况和工作任务要求	项目特征填写不完善扣 1 分，扣完为止	
		填写清单	5	符合《市政工程工程量计算规范》（GB 50857—2013）及《湖南省建设工程计价办法》（湘建价〔2020〕56 号）等现行文件要求，清单表格齐全，填写数据完整	错项或漏项，一项扣 1 分，扣完为止	
		编写编制说明封面	5	编制说明的内容、填写封面符合《建设工程工程量清单计价规范》（GB 50500—2013）及《湖南省建设工程计价办法》（湘建价〔2020〕56 号）等现行文件要求	错一处扣一分扣完为止	
		装订成册	5	表格装订顺序无误	顺序错误扣 5 分	

项目十　建筑工程工程量清单计价

41. 试题 2-29：建筑工程工程量清单计价

考场号		工位号	
评分人		考核日期	

(1)任务描述。

问题一：根据所给附件一施工图纸(办公楼施工图)，指出本工程的室外地坪标高、独立基础基坑挖土深度。

问题二：完成该图纸中①轴线上挖基坑土方、独立基础混凝土工程组价及工程量计算，并填制工程量计算单(结果保留两位小数)。其中，土壤类别为坚土，采用人工开挖，独立基础混凝土采用现拌混凝土。

(2)实施条件。

场地：普通教室。

材料：工程量清单计价表格、附件一办公楼施工图纸。

参考资料：《建设工程工程量清单计价规范》(GB 50500—2013)、《房屋建筑与装饰工程工程量计算规范》(GB 50854—2013)、《湖南省建设工程计价办法》(湘建价〔2020〕56 号)、《湖南省房屋建筑和装饰工程消耗量标准》(2020)、《湖南省建设工程计价办法附录》(2020)。

(3)考核时量。

2 小时。

(4)评分细则见表 41-1。

表 41-1　评分细则表

评价内容	配分	考核点	扣分标准	备注
职业素养(20 分)	5	检查材料及工具是否齐全，做好工作前准备	少检查一项扣 2 分，直到扣完该项得分为止	
	5	文字、表格作业应字迹工整、填写规范	文字潦草扣 2 分，表格填写不规范扣 3 分	
	5	有良好的环境保护意识，文明作业	没有环境保护意识，乱扔纸屑每次扣 2 分，直到扣完该项得分为止	
	5	任务完成后，整齐摆放所给材料及工具、凳子，整理工作台面等	任务完成后，没有整齐摆放所给材料及工具扣 3 分，没有清理场地，没有摆好凳子、整理工作台面扣 2 分	

续表 41-1

<table>
<tr><th colspan="3">评价内容</th><th>配分</th><th>考核点</th><th>扣分标准</th><th>备注</th></tr>
<tr><td rowspan="6">成果（80分）</td><td rowspan="3">组价工程量列项（35分）</td><td>工程识图</td><td>10</td><td>图纸识读准确，能发现问题、分析问题和解决问题，准确回答问题</td><td>每错一处扣5分</td><td rowspan="6">出现明显失误造成图纸、工具书、资料和记录工具严重损坏等；严重违反考场纪律，造成恶劣影响的第一大项计0分</td></tr>
<tr><td>子目编码</td><td>15</td><td>符合《湖南省房屋建筑和装饰工程消耗量标准》(2020)要求，并符合给定工程项目特点和工作任务实际情况，列项子目编码准确，完整</td><td>编码错误一处扣7.5分，全部错误不得分</td></tr>
<tr><td>子目名称</td><td>10</td><td>符合《湖南省房屋建筑和装饰工程消耗量标准》(2020)要求，并符合给定工程项目特点和工作任务实际情况，列项子目编号准确，完整</td><td>每错一处扣5分，本项扣完为止</td></tr>
<tr><td rowspan="3">组价工程量计算（45分）</td><td>计量单位</td><td>5</td><td>符合《湖南省房屋建筑和装饰工程消耗量标准》(2020)要求，计算单位准确</td><td>单位错误一处扣2.5分，扣完为止</td></tr>
<tr><td>工程量计算式</td><td>35</td><td>符合《湖南省房屋建筑和装饰工程消耗量标准》(2020)要求，计算式表达清晰，计算过程准确</td><td>计算公式错误扣5分；公式内参数错误一个扣3分；计算式表达不清楚扣5分；计算过程中间结果不正确扣3分，本项扣完为止</td></tr>
<tr><td>计算结果</td><td>5</td><td>计算结果准确性</td><td>结果错误一处扣2.5分，全部错误不得分</td></tr>
</table>

42. 试题 2-30：建筑工程工程量清单计价

考场号		工位号	
评分人		考核日期	

(1)任务描述。

已知湘潭市区某建筑工程为二层框架结构，建筑面积为 1590 m^2，其按一般计税法计算的单位工程投标招价汇总表见表 42-1，请根据湖南省现行计价办法规定，结合表中已有数据填写完整该表，并填写封面、扉页、总说明，完成该建筑工程投标报价文件编制并装订成册(结果保留二位小数)。

其中：管理费为 8%；利润率为 3%。

表 42-1　单位工程投标报价汇总表

工程名称：　　　　　　　　标段：　　　　　　　　第　页　共　页

序号	工程内容	计费基础说明	费率/%	金额/元	其中：暂估价/元
一	分部分项工程费	分部分项费用合计			
1	直接费				
1.1	人工费			674548	
1.2	材料费			2448450	
1.2.1	其中：工程设备费/其他				
1.3	机械费			69741	
2	管理费				
3	其他管理费				
4	利润				
二	措施项目费				
1	单价措施项目费				
1.1	直接费				
1.1.1	人工费			685803	
1.1.2	材料费			375187	
1.1.3	机械费			162895	
1.2	管理费				
1.3	利润				
2	总价措施项目费	仅计算冬雨季施工增加费			

续表42-1

序号	工程内容	计费基础说明	费率/%	金额/元	其中：暂估价/元
3	绿色施工安全防护措施项目费				
3.1	其中安全生产费				
三	其他项目费	仅计算安全责任险、环境保护税			
四	税前造价				
五	销项税额				
	单位工程建安造价				

(2)实施条件。

场地：普通教室。

材料：工程量清单计价表格。

参考资料：《建设工程工程量清单计价规范》(GB 50500—2013)、《房屋建筑与装饰工程工程量计算规范》(GB 50854—2013)、《湖南省建设工程计价办法》(湘建价〔2020〕56号)、《湖南省房屋建筑和装饰工程消耗量标准》(2020)。

(3)考核时量。

2小时。

(4)评分细则见表42-2。

表42-2 评分细则表

评价内容	配分	考核点	扣分标准	备注
职业素养(20分)	5	检查材料及工具是否齐全，做好工作前准备	少检查一项扣2分，直到扣完该项得分为止	
	5	文字、表格作业应字迹工整、填写规范	文字潦草扣2分，表格填写不规范扣3分	
	5	有良好的环境保护意识，文明作业	没有环境保护意识，乱扔纸屑每次扣2分，直到扣完该项得分为止	
	5	任务完成后，整齐摆放所给材料及工具、凳子，整理工作台面等	任务完成后，没有整齐摆放所给材料及工具扣3分，没有清理场地，没有摆好凳子、整理工作台面扣2分	

续表 42-2

评价内容			配分	考核点	扣分标准	备注
成果（80分）	单位工程费用计算表的填制（60分）	直接费用	5	符合《湖南省建设工程计价办法》(湘建价〔2020〕56号)以及补充规定的要求，直接费用计算准确	计算错误扣5分	出现明显失误造成图纸、工具书、资料和记录工具严重损坏等；严重违反考场纪律，造成恶劣影响的第一大项计0分
		管理费	5	符合《湖南省建设工程计价办法》(湘建价〔2020〕56号)以及补充规定的要求，管理费计算准确	计算错误扣5分	
		利润	5	符合《湖南省建设工程计价办法》(湘建价〔2020〕56号)以及补充规定的要求，利润计算准确	计算错误扣5分	
		安全文明施工费	10	符合《湖南省建设工程计价办法》(湘建价〔2020〕56号)以及补充规定的要求，安全文明施工费计算准确	计算错误扣10分	
		总价措施费	5	符合《湖南省建设工程计价办法》(湘建价〔2020〕56号)以及补充规定的要求，总价措施费计算准确	计算错误扣5分	
		规费	10	符合《湖南省建设工程计价办法》(湘建价〔2020〕56号)以及补充规定的要求，规费计算准确	每错一项扣2分，规费合计错误扣2分，扣完为止	
		建安造价	5	符合《湖南省建设工程计价办法》(湘建价〔2020〕56号)以及补充规定的要求，建安造价计算准确	计算错误扣5分	
		销项税额	5	符合《湖南省建设工程计价办法》(湘建价〔2020〕56号)以及补充规定的要求，销项税额计算准确	计算错误扣5分	
		附加税费	5	符合《湖南省建设工程计价办法》(湘建价〔2020〕56号)以及补充规定的要求，附加税费计算准确	计算错误扣5分	
		单位工程造价	5	符合《湖南省建设工程计价办法》(湘建价〔2020〕56号)以及补充规定的要求，单位工程造价计算准确	计算错误扣5分	
	装订成果（20分）	封面、扉页、编制说明填写及装订	15	符合《湖南省建设工程计价办法》(湘建价〔2020〕56号)以及补充规定的要求，封面、扉页、编制说明编制填写准确	每处错误扣1分，扣完本项为止	
			5	符合《湖南省建设工程计价办法》(湘建价〔2020〕56号)以及补充规定的要求，装订顺序准确	装订顺序错误扣5分	

43. 试题 2-31：建筑工程工程量清单计价

考场号		工位号	
评分人		考核日期	

(1)任务描述。

已知湘潭县城某建筑工程为五层框架结构，建筑面积为 3200 m^2，其按一般计税法计算的单位工程投标报价汇总表见表 43-1，请根据湖南省现行计价办法规定，以及表中已有数据填写完整该表，完成该建筑工程招标控制价文件编制并装订成册(结果保留二位小数)。

表 43-1　单位工程投标报价汇总表

工程名称：　　　　　　　　　　　　标段：　　　　　　　　　　　　第　页　共　页

序号	工程内容	计费基础说明	费率/%	金额/元	其中：暂估价/元
一	分部分项工程费				
1	直接费				
1.1	人工费			1214186	
1.2	材料费			4896900	
1.2.1	其中：工程设备费/其他				
1.3	机械费			132508	
2	管理费				
3	其他管理费				
4	利润				
二	措施项目费				
1	单价措施项目费				
1.1	直接费				
1.1.1	人工费			1097284	
1.1.2	材料费			712855	
1.1.3	机械费			293211	
1.2	管理费				
1.3	利润				
2	总价措施项目费	仅计算冬雨季施工增加费			

续表43-1

序号	工程内容	计费基础说明	费率/%	金额/元	其中：暂估价/元
3	绿色施工安全防护措施项目费				
3.1	其中安全生产费				
三	其他项目费	仅计算安全责任险、环境保护税			
四	税前造价				
五	销项税额				
	单位工程建安造价				

(2)实施条件。

场地：普通教室。

材料：工程量清单计价表格。

参考资料：《建设工程工程量清单计价规范》(GB 50500—2013)、《房屋建筑与装饰工程工程量计算规范》(GB 50854—2013)、《湖南省建设工程计价办法》(湘建价〔2020〕56 号)、《湖南省房屋建筑和装饰工程消耗量标准》(2020)。

(3)考核时量。

2 小时。

(4)评分细则见表 43-2。

表 43-2　评分细则表

评价内容	配分	考核点	扣分标准	备注
职业素养(20 分)	5	检查材料及工具是否齐全，做好工作前准备	少检查一项扣 2 分，直到扣完该项得分为止	
	5	文字、表格作业应字迹工整、填写规范	文字潦草扣 2 分，表格填写不规范扣 3 分	
	5	有良好的环境保护意识，文明作业	没有环境保护意识，乱扔纸屑每次扣 2 分，直到扣完该项得分为止	
	5	任务完成后，整齐摆放所给材料及工具、凳子，整理工作台面等	任务完成后，没有整齐摆放所给材料及工具扣 3 分，没有清理场地，没有摆好凳子、整理工作台面扣 2 分	

续表 43-2

评价内容			配分	考核点	扣分标准	备注
成果（80分）	单位工程费用计算表的填制（60分）	直接费用	5	符合《湖南省建设工程计价办法》（湘建价〔2020〕56号）以及补充规定的要求，直接费用计算准确	计算错误扣5分	出现明显失误造成图纸、工具书、资料和记录工具严重损坏等；严重违反考场纪律，造成恶劣影响的第一大项计0分
		管理费	5	符合《湖南省建设工程计价办法》（湘建价〔2020〕56号）以及补充规定的要求，管理费计算准确	计算错误扣5分	
		利润	5	符合《湖南省建设工程计价办法》（湘建价〔2020〕56号）以及补充规定的要求，利润计算准确	计算错误扣5分	
		安全文明施工费	10	符合《湖南省建设工程计价办法》（湘建价〔2020〕56号）以及补充规定的要求，安全文明施工费计算准确	计算错误扣10分	
		总价措施费	5	符合《湖南省建设工程计价办法》（湘建价〔2020〕56号）以及补充规定的要求，总价措施费计算准确	计算错误扣5分	
		规费	10	符合《湖南省建设工程计价办法》（湘建价〔2020〕56号）以及补充规定的要求，规费计算准确	每错一项扣2分，规费合计错误扣2分，扣完为止	
		建安造价	5	符合《湖南省建设工程计价办法》（湘建价〔2020〕56号）以及补充规定的要求，建安造价计算准确	计算错误扣5分	
		销项税额	5	符合《湖南省建设工程计价办法》（湘建价〔2020〕56号）以及补充规定的要求，销项税额计算准确	计算错误扣5分	
		附加税费	5	符合《湖南省建设工程计价办法》（湘建价〔2020〕56号）以及补充规定的要求，附加税费计算准确	计算错误扣5分	
		单位工程造价	5	符合《湖南省建设工程计价办法》（湘建价〔2020〕56号）以及补充规定的要求，单位工程造价计算准确	计算错误扣5分	
	装订成果（20分）	封面、扉页、编制说明填写及装订	15	符合《湖南省建设工程计价办法》（湘建价〔2020〕56号）以及补充规定的要求，封面、扉页、编制说明编制填写准确	每处错误扣1分，扣完本项为止	
			5	符合《湖南省建设工程计价办法》（湘建价〔2020〕56号）以及补充规定的要求，装订顺序准确	装订顺序错误扣5分	

44. 试题 2-32：建筑工程工程量清单计价

考场号		工位号	
评分人		考核日期	

(1)任务描述。

某建筑物首层平面图如图 44-1 所示，室外地坪标高-0.6 m。门窗洞尺寸：M1 为 1500 mm×2700 mm；M2 为 1000 mm×2700 mm；C1 为 1800 mm×1800 mm。地面面层满铺 800 mm×800 mm 瓷质地板砖，1∶4 水泥砂浆粘贴；踢脚线高 150 mm，用 800 mm×800 mm 瓷质地板砖裁贴。室内墙面及天棚抹混合砂浆，刮仿瓷涂料二遍，面刷墙漆。外墙窗台下贴 600 mm×300 mm 火烧麻石板，窗台以上贴 95 mm×95 mm 面砖，灰缝宽 10 mm。

问题一：请描述该工程地面的装饰(含踢脚线)的做法。

问题二：请根据《建设工程工程量清单计价规范》(GB 50500—2013)、《房屋建筑与装饰工程工程量计算规范》(GB 50854—2013)、《湖南省建设工程计价办法》(湘建价〔2020〕56 号)、《湖南省房屋建筑和装饰工程消耗量标准》(2020)，完成本工程地面装饰装修(含踢脚线)组价及工程量计算，并填制工程量计算单(结果保留两位小数)。

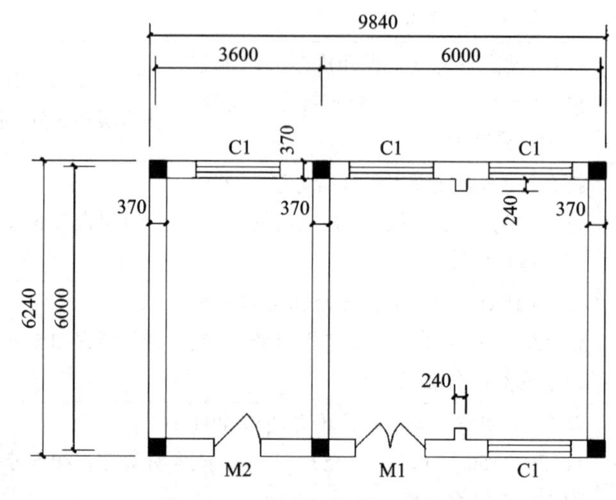

图 44-1　某建筑物首层平面图

(2)实施条件。

场地：普通教室。

材料：单位工程工程量清单与造价表、工程量计算单。

参考资料：《建设工程工程量清单计价规范》(GB 50500—2013)、《房屋建筑与装饰工程工程量计算规范》(GB 50854—2013)、《湖南省建设工程计价办法》(湘建价〔2020〕56 号)、《湖南省房屋建筑和装饰工程消耗量标准》(2020)。

(3)考核时量。

2 小时。

(4)评分细则见表 44-1。

表 44-1　评分细则表

<table>
<tr><th colspan="3">评价内容</th><th>配分</th><th>考核点</th><th>扣分标准</th><th>备注</th></tr>
<tr><td colspan="3" rowspan="4">职业素养（20 分）</td><td>5</td><td>检查材料及工具是否齐全，做好工作前准备</td><td>少检查一项扣 2 分，直到扣完该项得分为止</td><td rowspan="10">出现明显失误造成图纸、工具书、资料和记录工具严重损坏等；严重违反考场纪律，造成恶劣影响的第一大项计 0 分</td></tr>
<tr><td>5</td><td>文字、表格作业应字迹工整、填写规范</td><td>文字潦草扣 2 分，表格填写不规范扣 3 分</td></tr>
<tr><td>5</td><td>有良好的环境保护意识，文明作业</td><td>没有环境保护意识，乱扔纸屑每次扣 2 分，直到扣完该项得分为止</td></tr>
<tr><td>5</td><td>任务完成后，整齐摆放所给材料及工具、凳子，整理工作台面等</td><td>任务完成后，没有整齐摆放所给材料及工具扣 3 分，没有清理场地，没有摆好凳子、整理工作台面扣 2 分</td></tr>
<tr><td rowspan="6">成果（80 分）</td><td colspan="2">工程识图（10 分）</td><td>10</td><td>根据题意阐述地面装饰构造做法，踢脚线装饰构造做法</td><td>描述错误一处扣 3 分，共可扣 6 分；踢脚线装饰构造做法描述错扣 4 分</td></tr>
<tr><td rowspan="2">项目列取（36 分）</td><td>清单项目列取</td><td>24</td><td>分别正确编写两条清单的项目编码、项目名称、项目特征、计量单位</td><td>8 项内容，每编写错误一处扣 3 分，本项扣完为止</td></tr>
<tr><td>组价项目列取</td><td>12</td><td>分别正确编写两条组价项目的定额编码、项目名称、计量单位</td><td>6 项内容，每编写错误一处扣 2 分，本项扣完为止</td></tr>
<tr><td rowspan="3">工程量计算（34 分）</td><td>清单工程量计算式</td><td>16</td><td>根据规范结合示意图，准确列取两条清单的工程量计算公式</td><td>每条清单工程量计算式计 8 分，按步骤给分，每错一处扣 2 分，扣完为止</td></tr>
<tr><td>组价工程量计算式</td><td>12</td><td>根据规范结合示意图，准确列取组价工程量计算公式</td><td>每条组价工程量计算式计 6 分，按步骤给分，每错一处扣 2 分，扣完为止</td></tr>
<tr><td>计算结果</td><td>6</td><td>计算结果准确性</td><td>结果错误错一处扣 3 分，扣完为止</td></tr>
</table>

45. 试题 2-33：建筑工程工程量清单计价

考场号		工位号	
评分人		考核日期	

（1）任务描述。

已知湘潭市区某工程为 6 层框架结构，建筑面积为 3000 m²，其按一般计税法计算的装饰装修单位工程费用计算表见表 45-1，请根据《建设工程工程量清单计价规范》（GB 50500—2013）、《房屋建筑与装饰工程工程量计算规范》（GB 50854—2013）、《湖南省建设工程计价办法》（湘建价〔2020〕56 号）、《湖南省房屋建筑和装饰工程消耗量标准》（2020）规定，结合表中已有数据填写完整该表，并填写封面、扉页、总说明，最后装订成册，完成该装饰工程投标报价文件编制（结果保留两位小数）。

其中：管理费为 5%；利润率为 3%。

表 45-1　单位工程投标报价汇总表

工程名称：　　　　　　　　　　标段：　　　　　　　　　　第　页　共　页

序号	工程内容	计费基础说明	费率 /%	金额 /元	其中：暂估价/元
一	分部分项工程费				
1	直接费				
1.1	人工费			217067	
1.2	材料费			355482	
1.2.1	其中：工程设备费/其他				
1.3	机械费			76557	
2	管理费				
3	其他管理费				
4	利润				
二	措施项目费				
1	单价措施项目费				
1.1	直接费				
1.1.1	人工费			10972	
1.1.2	材料费			7128	
1.1.3	机械费			2932	
1.2	管理费				
1.3	利润				
2	总价措施项目费	仅计算冬雨季施工增加费			

续表45-1

序号	工程内容	计费基础说明	费率/%	金额/元	其中：暂估价/元
3	绿色施工安全防护措施项目费				
3.1	其中安全生产费				
三	其他项目费	仅计算安全责任险、环境保护税			
四	税前造价				
五	销项税额				
	单位工程建安造价				

(2)实施条件。

场地：普通教室。

材料：工程量清单计价表格。

参考资料：《建设工程工程量清单计价规范》(GB 50500—2013)、《房屋建筑与装饰工程工程量计算规范》(GB 50854—2013)、《湖南省建设工程计价办法》(湘建价〔2020〕56号)、《湖南省房屋建筑和装饰工程消耗量标准》(2020)。

(3)考核时量。

2小时。

(4)评分细则见表45-2。

表45-2 评分细则表

评价内容	配分	考核点	扣分标准	备注
职业素养(20分)	5	检查材料及工具是否齐全，做好工作前准备	少检查一项扣2分，直到扣完该项得分为止	
	5	文字、表格作业应字迹工整、填写规范	文字潦草扣2分，表格填写不规范扣3分	
	5	有良好的环境保护意识，文明作业	没有环境保护意识，乱扔纸屑每次扣2分，直到扣完该项得分为止	
	5	任务完成后，整齐摆放所给材料及工具、凳子，整理工作台面等	任务完成后，没有整齐摆放所给材料及工具扣3分，没有清理场地，没有摆好凳子、整理工作台面扣2分	

续表 45-2

评价内容			配分	考核点	扣分标准	备注
成果(80分)	单位工程费用计算表的填制(60分)	直接费用	5	符合《湖南省建设工程计价办法》(湘建价〔2020〕56号)以及补充规定的要求,直接费用计算准确	计算错误扣5分	出现明显失误造成图纸、工具书、资料和记录工具严重损坏等;严重违反考场纪律,造成恶劣影响的第一大项计0分
		管理费	5	符合《湖南省建设工程计价办法》(湘建价〔2020〕56号)以及补充规定的要求,管理费计算准确	计算错误扣5分	
		利润	5	符合《湖南省建设工程计价办法》(湘建价〔2020〕56号)以及补充规定的要求,利润计算准确	计算错误扣5分	
		安全文明施工费	10	符合《湖南省建设工程计价办法》(湘建价〔2020〕56号)以及补充规定的要求,安全文明施工费计算准确	计算错误扣10分	
		总价措施费	5	符合《湖南省建设工程计价办法》(湘建价〔2020〕56号)以及补充规定的要求,总价措施费计算准确	计算错误扣5分	
		规费	10	符合《湖南省建设工程计价办法》(湘建价〔2020〕56号)以及补充规定的要求,规费计算准确	规费每错一项扣2分,合计错误扣2分,扣完为止	
		建安造价	5	符合《湖南省建设工程计价办法》(湘建价〔2020〕56号)以及补充规定的要求,建安造价计算准确	计算错误扣5分	
		销项税额	5	符合《湖南省建设工程计价办法》(湘建价〔2020〕56号)以及补充规定的要求,销项税额计算准确	计算错误扣5分	
		附加税费	5	符合《湖南省建设工程计价办法》(湘建价〔2020〕56号)以及补充规定的要求,附加税费计算准确	计算错误扣5分	
		单位工程造价	5	符合《湖南省建设工程计价办法》(湘建价〔2020〕56号)以及补充规定的要求,单位工程造价计算准确	计算错误扣5分	
	装订成果(20分)	封面、扉页、编制说明填写及装订	15	符合《湖南省建设工程计价办法》(湘建价〔2020〕56号)以及补充规定的要求,封面、扉页、编制说明编制填写准确	每处错误扣1分,扣完本项为止	
			5	符合《湖南省建设工程计价办法》(湘建价〔2020〕56号)以及补充规定的要求,装订顺序准确	装订顺序错误扣5分	

46. 试题 2-34：建筑工程工程量清单计价

考场号		工位号	
评分人		考核日期	

(1)任务描述。

已知湘潭县城某工程为单层框架结构，建筑面积为 200 m²，其按一般计税法计算的装饰装修单位工程投标报价汇总表见表 46-1，请根据湖南省现行计价办法规定，以及表中已有数据填写完整该表，完成该装饰工程招标控制价文件编制并装订成册(结果保留二位小数)。

表 46-1　单位工程投标报价汇总表

工程名称：　　　　　　　　　　标段：　　　　　　　　　　第　页　共　页

序号	工程内容	计费基础说明	费率/%	金额/元	其中：暂估价/元
一	分部分项工程费				
1	直接费				
1.1	人工费			11953	
1.2	材料费				
1.2.1	其中：工程设备费/其他			60597	
1.3	机械费			1250	
2	管理费				
3	其他管理费				
4	利润				
二	措施项目费				
1	单价措施项目费				
1.1	直接费				
1.1.1	人工费			975	
1.1.2	材料费			381	
1.1.3	机械费			632	
1.2	管理费				
1.3	利润				
2	总价措施项目费	仅计算冬雨季施工增加费			

续表46-1

序号	工程内容	计费基础说明	费率/%	金额/元	其中：暂估价/元
3	绿色施工安全防护措施项目费				
3.1	其中安全生产费				
三	其他项目费	仅计算安全责任险、环境保护税			
四	税前造价				
五	销项税额				
	单位工程建安造价				

（2）实施条件。

场地：普通教室。

材料：工程量清单计价表格。

参考资料：《建设工程工程量清单计价规范》（GB 50500—2013）、《房屋建筑与装饰工程工程量计算规范》（GB 50854—2013）、《湖南省建设工程计价办法》（湘建价〔2020〕56 号）、《湖南省房屋建筑和装饰工程消耗量标准》（2020）。

（3）考核时量。

2 小时。

（4）评分细则表 46-2。

表 46-2　评分细则表

评价内容	配分	考核点	扣分标准	备注
职业素养（20 分）	5	检查材料及工具是否齐全，做好工作前准备	少检查一项扣 2 分，直到扣完该项得分为止	
	5	文字、表格作业应字迹工整、填写规范	文字潦草扣 2 分，表格填写不规范扣 3 分	
	5	有良好的环境保护意识，文明作业	没有环境保护意识，乱扔纸屑每次扣 2 分，直到扣完该项得分为止	
	5	任务完成后，整齐摆放所给材料及工具、凳子，整理工作台面等	任务完成后，没有整齐摆放所给材料及工具扣 3 分，没有清理场地，没有摆好凳子、整理工作台面扣 2 分	

续表 46-2

评价内容			配分	考核点	扣分标准	备注
成果（80分）	单位工程费用计算表的填制（60分）	直接费用	5	符合《湖南省建设工程计价办法》（湘建价〔2020〕56号）以及补充规定的要求，直接费用计算准确	计算错误扣5分	出现明显失误造成图纸、工具书、资料和记录工具严重损坏等；严重违反考场纪律，造成恶劣影响的第一大项计0分
		管理费	5	符合《湖南省建设工程计价办法》（湘建价〔2020〕56号）以及补充规定的要求，管理费计算准确	计算错误扣5分	
		利润	5	符合《湖南省建设工程计价办法》（湘建价〔2020〕56号）以及补充规定的要求，利润计算准确	计算错误扣5分	
		安全文明施工费	10	符合《湖南省建设工程计价办法》（湘建价〔2020〕56号）以及补充规定的要求，安全文明施工费计算准确	计算错误扣10分	
		总价措施费	5	符合《湖南省建设工程计价办法》（湘建价〔2020〕56号）以及补充规定的要求，总价措施费计算准确	计算错误扣5分	
		规费	10	符合《湖南省建设工程计价办法》（湘建价〔2020〕56号）以及补充规定的要求，规费计算准确	规费每错一项扣2分，合计错误扣2分，扣完为止	
		建安造价	5	符合《湖南省建设工程计价办法》（湘建价〔2020〕56号）以及补充规定的要求，建安造价计算准确	计算错误扣5分	
		销项税额	5	符合《湖南省建设工程计价办法》（湘建价〔2020〕56号）以及补充规定的要求，销项税额计算准确	计算错误扣5分	
		附加税费	5	符合《湖南省建设工程计价办法》（湘建价〔2020〕56号）以及补充规定的要求，附加税费计算准确	计算错误扣5分	
		单位工程造价	5	符合《湖南省建设工程计价办法》（湘建价〔2020〕56号）以及补充规定的要求，单位工程造价计算准确	计算错误扣5分	
	装订成果（20分）	封面、扉页、编制说明填写及装订	15	符合《湖南省建设工程计价办法》（湘建价〔2020〕56号）以及补充规定的要求，封面、扉页、编制说明编制填写准确	每处错误扣1分，扣完本项为止	
			5	符合《湖南省建设工程计价办法》（湘建价〔2020〕56号）以及补充规定的要求，装订顺序准确	装订顺序错误扣5分	

项目十一　市政工程工程量清单计价

47. 试题 2-35：市政工程工程量清单计价

考场号		工位号	
评分人		考核日期	

(1)任务描述。

某市政道路工程如图 47-1、图 47-2 所示。起点桩号 K0+039.5，终点桩号 K0+339.5，标准横断面为双向四车道一块板断面型式，路面宽度 20 m。

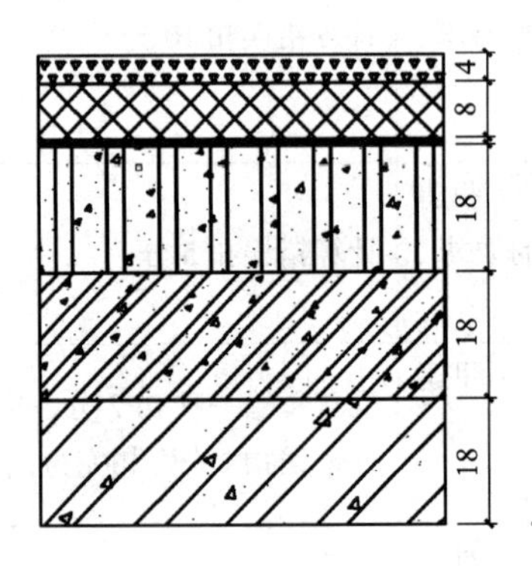

图 47-1　路面结构图

完成某市政道路工程路面工程组价工程量计算，并填制工程量计算单(结果保留两位小数)。

(2)实施条件。

场地：普通教室。

材料：工程量清单计价表格。

参考资料：《建设工程工程量清单计价规范》(GB 50500—2013)、《房屋建筑与装饰工程工程量计算规范》(GB 50854—2013)、《湖南省建设工程计价办法》(湘建价〔2020〕56 号)、《湖南省市政工程消耗量标准》(2020)。

(3)考核时量。

2 小时。

(4)评分细则见表 47-1。

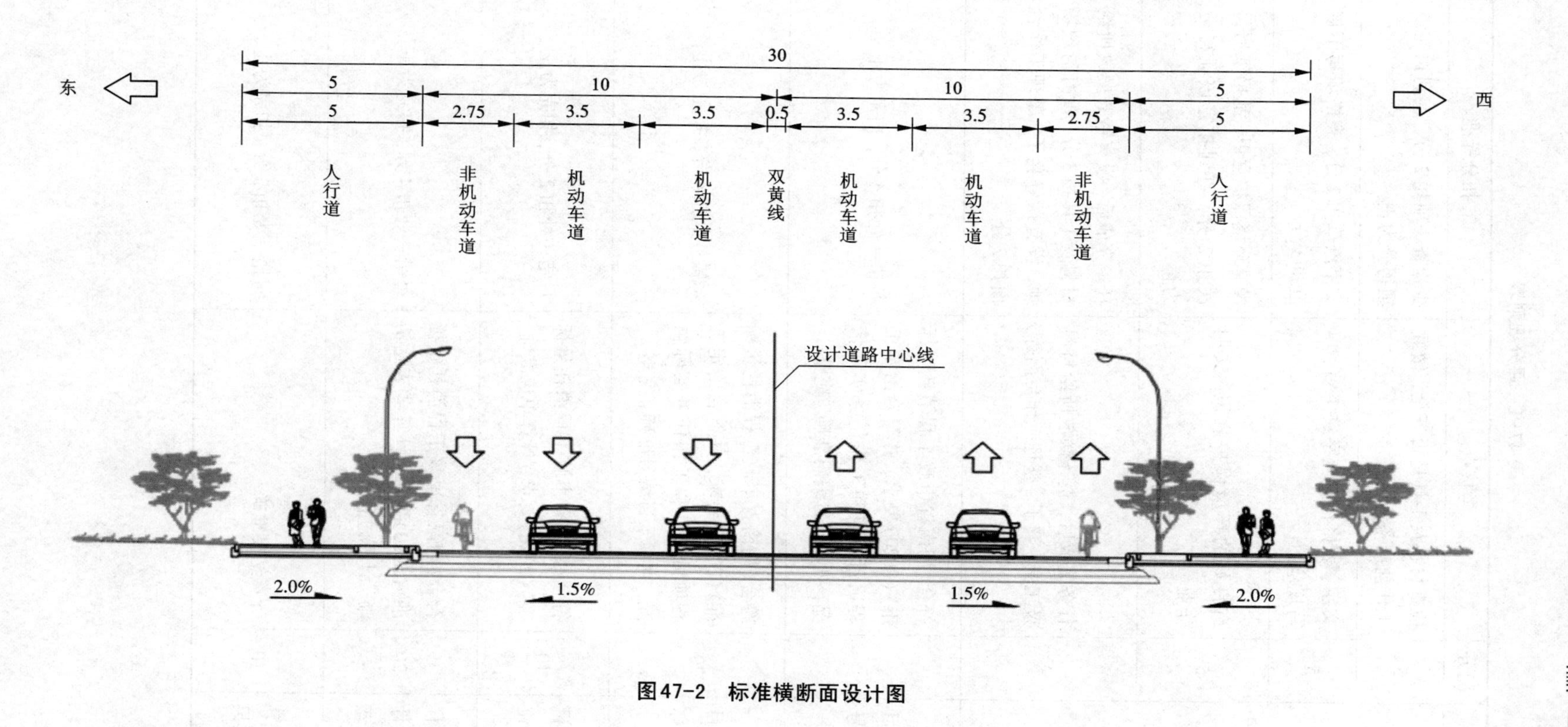

图 47-2 标准横断面设计图

表 47-1　评分细则表

<table>
<tr><th colspan="3">评价内容</th><th>配分</th><th>考核点</th><th>扣分标准</th><th>备注</th></tr>
<tr><td colspan="3" rowspan="4">职业素养
(20分)</td><td>5</td><td>检查材料及工具是否齐全，做好工作前准备</td><td>少检查一项扣2分，直到扣完该项得分为止</td><td rowspan="9">出现明显失误造成图纸、工具书、资料和记录工具严重损坏等；严重违反考场纪律，造成恶劣影响的第一大项计0分</td></tr>
<tr><td>5</td><td>文字、表格作业应字迹工整、填写规范</td><td>文字潦草扣2分，表格填写不规范扣3分</td></tr>
<tr><td>5</td><td>有良好的环境保护意识，文明作业</td><td>没有环境保护意识，乱扔纸屑每次扣2分，直到扣完该项得分为止</td></tr>
<tr><td>5</td><td>任务完成后，整齐摆放所给材料及工具、凳子，整理工作台面等</td><td>任务完成后，没有整齐摆放所给材料及工具扣3分，没有清理场地，没有摆好凳子、整理工作台面扣2分</td></tr>
<tr><td rowspan="5">成果
(80分)</td><td rowspan="2">组价工程量列项
(40分)</td><td>子目编号</td><td>20</td><td>符合《湖南省市政工程消耗量标准》(2020)要求，并符合给定工程项目特点和工作任务实际情况，列项子目编码准确，完整</td><td>每错一处扣4分，扣完为止</td></tr>
<tr><td>子目名称</td><td>20</td><td>符合《湖南省市政工程消耗量标准》(2020)要求，并符合给定工程项目特点和工作任务实际情况，列项子目编号准确，完整</td><td>每错一处扣4分，扣完为止</td></tr>
<tr><td rowspan="3">组价工程量计算
(40分)</td><td>计量单位</td><td>10</td><td>符合《湖南省市政工程消耗量标准》(2020)要求，计算单位准确</td><td>每错一处扣2分，扣完为止</td></tr>
<tr><td>工程量计算式</td><td>20</td><td>符合《湖南省市政工程消耗量标准》(2020)要求，计算式表达清晰，计算过程准确</td><td>每错一处扣4分，扣完为止</td></tr>
<tr><td>计算结果</td><td>10</td><td>计算结果准确</td><td>每错一处扣2分，扣完为止</td></tr>
</table>

48. 试题 2-36：市政工程工程量清单计价

考场号		工位号	
评分人		考核日期	

(1) 任务描述。

已知湘潭市某道路，其按一般计税法计算的单位工程投标报价汇总表见表 48-1，请根据湖南省现行计价办法规定，结合表中已有数据填写完整该表，并填写封面、扉页、总说明，最后装订成册，完成该道路(市政)工程招标控制价文件编制(结果保留两位小数)。

表 48-1　单位工程投标报价汇总表

工程名称：　　　　　　　　　　标段：　　　　　　　　　　第　页 共　页

序号	工程内容	计费基础说明	费率 /%	金额 /元	其中：暂估价/元
一	分部分项工程费				
1	直接费				
1.1	人工费			671721	
1.2	材料费				
1.2.1	其中：工程设备费/其他			3898094	
1.3	机械费			205439	
2	管理费				
3	其他管理费				
4	利润				
二	措施项目费				
1	单价措施项目费				
1.1	直接费				
1.1.1	人工费			4970	
1.1.2	材料费			3290	
1.1.3	机械费			6870	
1.2	管理费				
1.3	利润				
2	总价措施项目费	仅计算冬雨季施工增加费			
3	绿色施工安全防护措施项目费				
3.1	其中安全生产费				

续表48-1

序号	工程内容	计费基础说明	费率/%	金额/元	其中：暂估价/元
三	其他项目费	仅计算安全责任险、环境保护税			
四	税前造价				
五	销项税额				
	单位工程建安造价				

(2)实施条件。

场地：普通教室。

材料：工程量清单计价表格。

参考资料：《建设工程工程量清单计价规范》(GB 50500—2013)、《房屋建筑与装饰工程工程量计算规范》(GB 50854—2013)、《湖南省建设工程计价办法》(湘建价〔2020〕56 号)、《湖南省市政工程消耗量标准》(2020)。

(3)考核时量。

2 小时。

(4)评分细则见表 48-2。

表 48-2　评分细则表

评价内容	配分	考核点	扣分标准	备注
职业素养(20 分)	5	检查材料及工具是否齐全，做好工作前准备	少检查一项扣 2 分，直到扣完该项得分为止	
	5	文字、表格作业应字迹工整、填写规范	文字潦草扣 2 分，表格填写不规范扣 3 分	
	5	有良好的环境保护意识，文明作业	没有环境保护意识，乱扔纸屑每次扣 2 分，直到扣完该项得分为止	
	5	任务完成后，整齐摆放所给材料及工具、凳子，整理工作台面等	任务完成后，没有整齐摆放所给材料及工具扣 3 分，没有清理场地，没有摆好凳子、整理工作台面扣 2 分	

续表 48-2

评价内容			配分	考核点	扣分标准	备注
成果（80分）	单位工程费用计算表的填制（60分）	直接费用	5	符合《湖南省建设工程计价办法》（湘建价〔2020〕56号）以及补充规定的要求，直接费用计算准确	计算错误扣5分	出现明显失误造成图纸、工具书、资料和记录工具严重损坏等；严重违反考场纪律，造成恶劣影响的第一大项计0分
		管理费	5	符合《湖南省建设工程计价办法》（湘建价〔2020〕56号）以及补充规定的要求，管理费计算准确	计算错误扣5分	
		利润	5	符合《湖南省建设工程计价办法》（湘建价〔2020〕56号）以及补充规定的要求，利润计算准确	计算错误扣5分	
		安全文明施工费	10	符合《湖南省建设工程计价办法》（湘建价〔2020〕56号）以及补充规定的要求，安全文明施工费计算准确	计算错误扣10分	
		总价措施费	5	符合《湖南省建设工程计价办法》（湘建价〔2020〕56号）以及补充规定的要求，总价措施费计算准确	计算错误扣5分	
		规费	10	符合《湖南省建设工程计价办法》（湘建价〔2020〕56号）以及补充规定的要求，规费计算准确	规费每错一项扣2分，合计错误扣2分，扣完为止	
		建安造价	5	符合《湖南省建设工程计价办法》（湘建价〔2020〕56号）以及补充规定的要求，建安造价计算准确	计算错误扣5分	
		销项税额	5	符合《湖南省建设工程计价办法》（湘建价〔2020〕56号）以及补充规定的要求，销项税额计算准确	计算错误扣5分	
		附加税费	5	符合《湖南省建设工程计价办法》（湘建价〔2020〕56号）以及补充规定的要求，附加税费计算准确	计算错误扣5分	
		单位工程造价	5	符合《湖南省建设工程计价办法》（湘建价〔2020〕56号）以及补充规定的要求，单位工程造价计算准确	计算错误扣5分	
	装订成果（20分）	封面、扉页、编制说明填写及装订	15	符合《湖南省建设工程计价办法》（湘建价〔2020〕56号）以及补充规定的要求，封面、扉页、编制说明编制填写准确	每处错误扣1分，扣完本项为止	
			5	符合《湖南省建设工程计价办法》（湘建价〔2020〕56号）以及补充规定的要求，装订顺序准确	装订顺序错误扣5分	

项目十二　BIM 工程量计算

49. 试题 2-37：BIM 工程量计算

考场号		工位号	
评分人		考核日期	

（1）任务描述。

问题一：根据所给附件一施工图纸（办公楼施工图），任选广联达、清华斯维尔等其中一种计量软件完成 3.600 m 处（首层）的柱、梁的钢筋及土建建模，并完成柱、梁构件做法套取。

问题二：上交电子成果一份，路径储存在 D 盘以“场次+模块+工位”命名的文件夹中，内有软件生成文件 1 份，有多份的以生成文件的最后时间为准，其余无效。文件夹中还应有导出的表格文件（构件做法汇总表，钢筋级别汇总表）；另外需上交装订好且签有“场次+模块+工位”和时间的打印稿一份。

（2）实施条件。

材料：记录用 A4 纸（每人 1 张），打印纸若干张。

工具及参考资料：电脑人手一台（可联网）、正版计量软件（广联达、清华斯维尔等算量软件，且已安装好）、打印机、订书机、《建设工程工程量清单计价规范》（GB 50500—2013）、《房屋建筑与装饰工程工程量计算规范》（GB 50854—2013）、《湖南省建设工程计价办法》（湘建价〔2020〕56 号）、《湖南省房屋建筑与装饰工程消耗量标准》（2020）。

（3）考核时量。

2 小时。

（4）评分细则见表 49-1。

表 49-1　评分细则表

评价内容	配分	考核点	扣分标准	备注
职业素养（20 分）	5	检查材料及工具是否齐全，做好工作前准备	少检查一项扣 2 分，直到扣完该项得分为止	
	5	文字、表格作业应字迹工整、填写规范	文字潦草扣 2 分，表格填写不规范扣 3 分	
	5	有良好的环境保护意识，文明作业	没有环境保护意识，乱扔纸屑每次扣 2 分，直到扣完该项得分为止	
	5	任务完成后，整齐摆放所给材料及工具、凳子，整理工作台面等	任务完成后，没有整齐摆放所给材料及工具扣 3 分，没有清理场地，没有摆好凳子、整理工作台面扣 2 分	

续表 49-1

评价内容			配分	考核点	扣分标准	备注
成果（80分）	文本成果（20分）		5	柱清单及定额工程量	与标准答案对量，误差 5% 以内（包括 5%）满分；误差 5%~25% 以内（包括 25%），每相差一个百分点扣 2 分，扣完为止；误差大于 25%，计 0 分	
			5	梁清单及定额工程量		
			10	钢筋工程量		
	电子成果（60分）	成果格式	5	电子成果储存路径清晰；无多余文件；文件命名得当；导出电子表格格式正确齐全且命名合适	每错一处扣 1 分，扣完为止	出现明显失误造成电脑、用具、资料和记录工具严重损坏等；严重违反考场纪律，造成恶劣影响的第一大项计 0 分
		工程设置	1	正确命名工程名称	错误扣 1 分	
			4	选择正确的清单规则、清单库和定额规则、定额库	每错一处扣 1 分，扣完为止	
			1	正确输入室外地坪相对标高	错误扣 1 分	
		绘图输入	4	建立轴网	轴号、轴距每错一处扣 1 分，扣完为止	
			5	柱、梁构件名称定义	每错一处扣 1 分，扣完为止	
			10	柱、梁属性编辑定义	每错一处扣 1 分，扣完为止	
			10	柱、梁清单和定额子目添加正确	每错一处扣 1 分，扣完为止	
			10	柱、梁定位正确	每错一处扣 1 分，扣完为止	
			10	柱、梁钢筋绘制正确	每错一处扣 1 分，扣完为止	

50. 试题 2-38：BIM 工程量计算

考场号		工位号	
评分人		考核日期	

(1)任务描述。

问题一：根据所给附件一施工图纸(办公楼施工图)，任选广联达、清华斯维尔等其中一种计量软件完成 7.200 m 处(二层)的柱、梁、板及墙体(包含门窗洞口)建模，并完成柱、梁、板、墙体等构件的做法套取。

问题二：上交电子成果一份，路径储存在 D 盘以“场次+模块+工位”命名的文件夹中，内有软件生成文件 1 份，有多份的以生成文件的最后时间为准，其余无效。文件夹中还应有导出的构件做法汇总表；另外需上交装订好且签有“场次+模块+工位”和时间的打印稿一份。

(2)实施条件。

材料：记录用 A4 纸(每人 1 张)，打印纸若干张。

工具及参考资料：电脑人手一台(可联网)、正版计量软件(广联达、清华斯维尔等算量软件，且已安装好)、打印机、订书机、《建设工程工程量清单计价规范》(GB 50500—2013)、《房屋建筑与装饰工程工程量计算规范》(GB 50854—2013)、《湖南省建设工程计价办法》(湘建价〔2020〕56 号)、《湖南省房屋建筑与装饰工程消耗量标准》(2020)。

(3)考核时量。

2 小时。

(4)评分细则见表 50-1。

表 50-1　评分细则表

评价内容	配分	考核点	扣分标准	备注
职业素养(20 分)	5	检查材料及工具是否齐全，做好工作前准备	少检查一项扣 2 分，直到扣完该项得分为止	
	5	文字、表格作业应字迹工整、填写规范	文字潦草扣 2 分，表格填写不规范扣 3 分	
	5	有良好的环境保护意识，文明作业	没有环境保护意识，乱扔纸屑每次扣 2 分，直到扣完该项得分为止	
	5	任务完成后，整齐摆放所给材料及工具、凳子，整理工作台面等	任务完成后，没有整齐摆放所给材料及工具扣 3 分，没有清理场地，没有摆好凳子、整理工作台面扣 2 分	

续表 50-1

<table>
<tr><th colspan="3">评价内容</th><th>配分</th><th>考核点</th><th>扣分标准</th><th>备注</th></tr>
<tr><td rowspan="13">成果（80分）</td><td colspan="2" rowspan="4">文本成果（20分）</td><td>5</td><td>柱清单及定额工程量</td><td rowspan="4">与标准答案对量，误差 5%以内（包括5%）满分；误差5%~25%以内（包括25%），每相差一个百分点扣 2 分，扣完为止；误差大于25%，计 0 分</td><td rowspan="13">出现明显失误造成电脑、用具、资料和记录工具严重损坏等；严重违反考场纪律，造成恶劣影响的第一大项计0分</td></tr>
<tr><td>5</td><td>梁清单及定额工程量</td></tr>
<tr><td>5</td><td>板清单及定额工程量</td></tr>
<tr><td>5</td><td>墙体清单及定额工程量</td></tr>
<tr><td rowspan="9">电子成果（60分）</td><td>成果格式</td><td>5</td><td>电子成果储存路径清晰；无多余文件；文件命名得当；导出电子表格格式正确齐全且命名合适</td><td>每错一处扣 1 分，扣完为止</td></tr>
<tr><td rowspan="3">工程设置</td><td>1</td><td>正确命名工程名称</td><td>错误扣 1 分，扣完为止</td></tr>
<tr><td>3</td><td>选择正确的清单规则、清单库和定额规则、定额库</td><td>每错一处扣 1 分，扣完为止</td></tr>
<tr><td>1</td><td>正确输入室外地坪相对标高</td><td>错误扣 1 分，扣完为止</td></tr>
<tr><td rowspan="5">绘图输入</td><td>5</td><td>建立轴网</td><td>轴号、轴距每错一处扣 1 分，扣完为止</td></tr>
<tr><td>5</td><td>柱、梁、板、墙体构件名称定义</td><td>每错一处扣 1 分，扣完为止</td></tr>
<tr><td>10</td><td>柱、梁、板、墙体属性参数的编辑</td><td>每错一处扣 1 分，扣完为止</td></tr>
<tr><td>10</td><td>柱、梁、板、墙体清单和定额子目添加正确</td><td>每错一处扣 1 分，扣完为止</td></tr>
<tr><td>20</td><td>柱、梁、板、墙体尺寸及定位正确</td><td>每错一处扣 1 分，扣完为止</td></tr>
</table>

项目十三　BIM 工程计价

51. 试题 2-39：BIM 工程计价

考场号		工位号	
评分人		考核日期	

(1)任务描述。

问题一：本工程为湘潭市某办公楼，建筑面积为 2000 m^2，砖混结构，檐口高度 12 m。管理费费率为 8%，利润率为 3%，暂列金额为 5000 元。任选智多星、广联达、清华斯维尔等其中一种计价软件完成表 51-1 所列项目的投标报价文件编制(结果保留二位小数)。

问题二：上交电子成果一份，路径储存在 D 盘以“场次+模块+工位”命名的文件夹中，内有软件生成文件 1 份，有多份的以生成文件的最后时间为准，其余无效。文件夹中还应有导出的一系列电子表格文件(需全套)，另外需上交装订好且签有“场次+模块+工位”和时间的打印稿一份。

(2)实施条件。

材料：记录用 A4 纸(每人 1 张)，打印纸若干张。

工具及参考资料：电脑人手一台(可联网)、正版计价软件(广联达、斯维尔、智多星等计价软件，且已安装好)、打印机、订书机、《建设工程工程量清单计价规范》(GB 50500—2013)、《房屋建筑与装饰工程工程量计算规范》(GB 50854—2013)、《湖南省建设工程计价办法》(湘建价〔2020〕56 号)、《湖南省房屋建筑与装饰工程消耗量标准》(2020)。

(3)考核时量。

2 小时。

(4)评分细则见表 51-2。

表 51-1　E.1 单位工程工程量清单与造价表(一般计税法)(投标报价)

工程名称：　　　　标段：　　　　单位工程名称：建筑工程　　　　第　　页 共　　页

序号	项目编码	项目名称	项目特征描述	计量单位	工程量	金额/元				
						综合单价	合价	其中		
								建安费用	销项税额	附加税费
1	010101003001	挖沟槽土方	1. 土壤类别：普通土 2. 挖土深度：1.3 m	m^3	22.66					
	A1-3	人工挖沟槽 深度 2 m 以内 普通土		100 m^3	0.38					
2	010503002001	矩形梁	1. 混凝土种类：商品混凝土 2. 混凝土强度等级：C30	m^3	76.44					
	A5-96	现浇单梁、连续梁		10 m^3	7.644					
3	010501001001	垫层	1. 混凝土种类：商品混凝土 2. 混凝土强度等级：C15	m^3	9.32					
	A2-10 换	垫层　混凝土~垫层用于独立基础、条形基础、房心回填 商品混凝土 C15		10 m^3	0.932					
4	011702001002	独立基础模板	1. 基础类型：独立基础 2. 模板：木模板 木支撑	m^2	6.58					
	A19-3	独立基础 木模板 木支撑		100 m^2	0.066					

表 51-2　评分细则表

<table>
<tr><th colspan="3">评价内容</th><th>配分</th><th>考核点</th><th>扣分标准</th><th>备注</th></tr>
<tr><td colspan="3" rowspan="4">职业素养
（20 分）</td><td>5</td><td>检查材料及工具是否齐全，做好工作前准备</td><td>少检查一项扣 2 分，直到扣完该项得分为止</td><td rowspan="12">出现明显失误造成图纸、工具书、资料和记录工具严重损坏等；严重违反考场纪律，造成恶劣影响的第一大项计 0 分</td></tr>
<tr><td>5</td><td>文字、表格作业应字迹工整、填写规范</td><td>文字潦草扣 2 分，表格填写不规范扣 3 分</td></tr>
<tr><td>5</td><td>有良好的环境保护意识，文明作业</td><td>没有环境保护意识，乱扔纸屑每次扣 2 分，直到扣完该项得分为止</td></tr>
<tr><td>5</td><td>任务完成后，整齐摆放所给材料及工具、凳子，整理工作台面等</td><td>任务完成后，没有整齐摆放所给材料及工具扣 3 分，没有清理场地，没有摆好凳子、整理工作台面扣 2 分</td></tr>
<tr><td rowspan="8">成果（80 分）</td><td rowspan="2">打印装订（15 分）</td><td>文件装订</td><td>4</td><td>能准确按照《湖南省建设工程计价办法》（湘建价〔2020〕56 号），按顺序打印装订工程造价文件，内容齐全</td><td>工程造价文件不按顺序装订扣 4 分</td></tr>
<tr><td>封面和扉页</td><td>11</td><td>能准确根据项目及任务书的要求，编写封面和扉页</td><td>每错一处扣 1 分，扣完为止</td></tr>
<tr><td rowspan="6">造价软件的操作（65 分）</td><td>分部分项工程</td><td>20</td><td>能熟练填写分部分项项目清单与计价表，清单项目编码、名称、特征、数量以及组价项目编码、名称、数量</td><td>填错一处扣 2.5 分，扣完为止</td></tr>
<tr><td>其他项目</td><td>10</td><td>能准确根据项目要求，填写其他项目费</td><td>填写错误不得分</td></tr>
<tr><td>人工单价</td><td>5</td><td>能准确根据项目要求，填写人工单价</td><td>填写错误不得分</td></tr>
<tr><td>材料单价</td><td>10</td><td>能准确根据项目要求，填写或导入材料单价</td><td>错一个扣 2 分，扣完为止</td></tr>
<tr><td>费用取费费率</td><td>15</td><td>能根据项目准确填写各种费用的费率</td><td>错一个扣 3 分，扣完为止</td></tr>
<tr><td>税率</td><td>5</td><td>能根据项目要求准确选定税率</td><td>填写错误不得分</td></tr>
</table>

52. 试题 2-40：BIM 工程计价

考场号		工位号	
评分人		考核日期	

(1)任务描述。

问题一：本工程为湘潭市某办公楼，建筑面积为 8000 m^2，框剪结构，檐口高度 25 m，8 层，暂列金额为 10000 元。任选智多星、广联达、清华斯维尔等其中一种计价软件，完成表 52-1 所列项目的招标控制价文件编制(结果保留二位小数)。

问题二：上交电子成果一份，路径储存在 D 盘以“场次+模块+工位”命名的文件夹中，内有软件生成文件 1 份，有多份的以生成文件的最后时间为准，其余无效。文件夹中还应有导出的一系列电子表格文件(需全套)，另外需上交装订好且签有“场次+模块+工位”和时间的打印稿一份。

(2)实施条件。

材料：记录用 A4 纸(每人 1 张)，打印纸若干张。

工具及参考资料：电脑人手一台(可联网)、正版计价软件(广联达、斯维尔、智多星等计价软件，且已安装好)、打印机、订书机、《建设工程工程量清单计价规范》(GB 50500—2013)、《房屋建筑与装饰工程工程量计算规范》(GB 50854—2013)、《湖南省建设工程计价办法》(湘建价[2020]56 号)、《湖南省房屋建筑与装饰工程消耗量标准》(2020)。

(3)考核时量。

2 小时。

(4)评分细则见表 52-2。

表 52-1　E. 18：分部分项工程项目清单与措施项目清单计价表

工程名称：　　　　　　　　　　　　　　标段：　　　　　　　　　　　　　　第　页　共　页

序号	项目编码	项目名称	项目特征描述	计量单位	工程量	金额/元		
						综合单价	合　价	其中：暂估价
1	010401003001	实心砖墙	1. 砖品种、规格、强度等级：红青砖 240×115×53 2. 墙体类型：实心墙 3. 砂浆强度等级、配合比：混合砂浆 M5. 0(水泥 32. 5 级)	m^3	128. 69			
	A4-10 换	混水砖墙　1 砖		$10\ m^3$	12. 869			
2	010506001001	直形楼梯	1. 混凝土种类：现拌砼 2. 混凝土强度等级：商品混凝土 C30	m^2	217. 84			
	A5-112	现浇混凝土 直行楼梯		$10\ m^2$（投影面积）	21. 784			
3	011705001001	大型机械设备进出场及安拆	1. 机械设备名称：塔式起重机 2. 机械设备规格型号：6000 kN · M	台次	1			
	J14-11	安装拆卸塔式起重机 600 kN·m 以内		台次	1			
4	J14-49 换	场外运输塔式起重机 600 kN·m 以内，包含回程费用		台次	1			
	本页合计							

表 52-2 评分细则表

评价内容			配分	考核点	扣分标准	备注
职业素养（20分）			5	检查材料及工具是否齐全，做好工作前准备	少检查一项扣2分，直到扣完该项得分为止	
			5	文字、表格作业应字迹工整、填写规范	文字潦草扣2分，表格填写不规范扣3分	
			5	有良好的环境保护意识，文明作业	没有环境保护意识，乱扔纸屑每次扣2分，直到扣完该项得分为止	
			5	任务完成后，整齐摆放所给材料及工具、凳子，整理工作台面等	任务完成后，没有整齐摆放所给材料及工具扣3分，没有清理场地，没有摆好凳子、整理工作台面扣2分	
成果（80分）	打印装订（15分）	文件装订	4	能准确按照《湖南省建设工程计价办法》（湘建价〔2020〕56号），按顺序打印装订工程造价文件，内容齐全	工程造价文件不按顺序装订扣4分	出现明显失误造成图纸、工具书、资料和记录工具严重损坏等；严重违反考场纪律，造成恶劣影响的第一大项计0分
		封面和扉页	11	能准确根据项目及任务书的要求，编写封面和扉页	每错一处扣1分，扣完为止	
	造价软件的操作（65分）	分部分项工程	20	能熟练填写分部分项项目清单与计价表，清单项目编码、名称、特征、数量以及组价项目编码、名称、数量	填错一处扣2.5分，扣完为止	
		其他项目	10	能准确根据项目要求，填写其他项目费	填写错误不得分	
		人工单价	5	能准确根据项目要求，填写人工单价	填写错误不得分	
		材料单价	10	能准确根据项目要求，填写或导入材料单价	错一个扣2分，扣完为止	
		费用取费费率	15	能根据项目准确填写各种费用的费率	错一个扣3分，扣完为止	
		税率	5	能根据项目要求准确选定税率	填写错误不得分	

53. 试题 2-41：BIM 工程计价

考场号		工位号	
评分人		考核日期	

(1)任务描述。

问题一：本工程为某湘潭市办公楼，建筑面积为 8000 m^2，框剪结构，檐口高度 25 m，8 层。相关管理费费率为 5%，利润率为 3%，暂列金额为 5000 元。任选智多星、广联达、清华斯维尔等其中一种计价软件完成表 53-1 所列项目的清单投标报价文件编制(结果保留二位小数)。

问题二：上交电子成果一份，路径储存在 D 盘以“场次+模块+工位”命名的文件夹中，内有软件生成文件 1 份，有多份的以生成文件的最后时间为准，其余无效。文件夹中还应有导出的一系列电子表格文件(需全套)，另外需上交装订好且签有“场次+模块+工位”和时间的打印稿一份。

(2)实施条件。

材料：记录用 A4 纸(每人 1 张)，打印纸若干张。

工具及参考资料：电脑人手一台(可联网)、正版计价软件(广联达、斯维尔、智多星等计价软件，且已安装好)、打印机、订书机、《建设工程工程量清单计价规范》(GB 50500—2013)、《房屋建筑与装饰工程工程量计算规范》(GB 50854—2013)、《湖南省建设工程计价办法》(湘建价〔2020〕56 号)、《湖南省房屋建筑与装饰工程消耗量标准》(2020)。

(3)考核时量。

2 小时。

(4)评分细则见表 53-2。

表 53-1　E. 18：分部分项工程项目清单与措施项目清单计价表

工程名称：　　　　标段：　　　　第　页　共　页

序号	项目编码	项目名称	项目特征描述	计量单位	工程量	金额/元		
						综合单价	合　价	其中：暂估价
1	011101006001	平面砂浆找平层	找平层厚度：30 mm 砂浆配合比：预拌干混底面砂浆 DSM15.0	m^2	1325.45			
	A11-1 换	找平层 水泥砂浆 混凝土或硬基层上 30 mm		100 m^2	13.25			
2	011102003001	防滑面砖地面	1. 结合层：预拌干混底面砂浆 DSM15.0 2. 600×600 防滑地面砖	m^2	132.45			
	A11-53 换	陶瓷地面砖 楼地面 每块面积在 3600 cm^2 以内		100 m^2	1.325			
3	011204003001	块料墙面	1. 面砖规格：73×73 mm 2. 粘贴方式：水泥砂浆粘贴，预拌干混底面砂浆 DPM15.0，灰缝 10 mm 内	m^2	389.38			
	A12-87 换	73×73 mm 面砖 水泥砂浆粘贴 面砖灰缝 10 mm 以内		100 m^2	3.894			
4	011301001001	天棚抹灰	现浇砼天棚粉石灰砂浆：预拌干混底面砂浆 DPM20.0	m^2	482.34			
	A13-1	抹灰面层 混凝土天棚 水泥砂浆 现浇		100 m^2	4.823			
	本页合计							

表 53-2　评分细则表

<table>
<tr><th colspan="3">评价内容</th><th>配分</th><th>考核点</th><th>扣分标准</th><th>备注</th></tr>
<tr><td colspan="3" rowspan="4">职业素养（20 分）</td><td>5</td><td>检查材料及工具是否齐全，做好工作前准备</td><td>少检查一项扣 2 分，直到扣完该项得分为止</td><td rowspan="12">出现明显失误造成图纸、工具书、资料和记录工具严重损坏等；严重违反考场纪律，造成恶劣影响的第一大项计 0 分</td></tr>
<tr><td>5</td><td>文字、表格作业应字迹工整、填写规范</td><td>文字潦草扣 2 分，表格填写不规范扣 3 分</td></tr>
<tr><td>5</td><td>有良好的环境保护意识，文明作业</td><td>没有环境保护意识，乱扔纸屑每次扣 2 分，直到扣完该项得分为止</td></tr>
<tr><td>5</td><td>任务完成后，整齐摆放所给材料及工具、凳子，整理工作台面等</td><td>任务完成后，没有整齐摆放所给材料及工具扣 3 分，没有清理场地，没有摆好凳子、整理工作台面扣 2 分</td></tr>
<tr><td rowspan="8">成果（80 分）</td><td rowspan="2">打印装订（15 分）</td><td>文件装订</td><td>4</td><td>能准确按照《湖南省建设工程计价办法》（湘建价〔2020〕56 号），按顺序打印装订工程造价文件，内容齐全</td><td>工程造价文件不按顺序装订扣 4 分</td></tr>
<tr><td>封面和扉页</td><td>11</td><td>能准确根据项目及任务书的要求，编写封面和扉页</td><td>每错一处扣 1 分，扣完为止</td></tr>
<tr><td rowspan="6">造价软件的操作（65 分）</td><td>分部分项工程</td><td>20</td><td>能熟练填写分部分项项目清单与计价表，清单项目编码、名称、特征、数量以及组价项目编码、名称、数量</td><td>填错一处扣 2.5 分，扣完为止</td></tr>
<tr><td>其他项目</td><td>10</td><td>能准确根据项目要求，填写其他项目费</td><td>填写错误不得分</td></tr>
<tr><td>人工单价</td><td>5</td><td>能准确根据项目要求，填写人工单价</td><td>填写错误不得分</td></tr>
<tr><td>材料单价</td><td>10</td><td>能准确根据项目要求，填写或导入材料单价</td><td>错一个扣 2 分，扣完为止</td></tr>
<tr><td>费用取费费率</td><td>15</td><td>能根据项目准确填写各种费用的费率</td><td>错一个扣 3 分，扣完为止</td></tr>
<tr><td>税率</td><td>5</td><td>能根据项目要求准确选定税率</td><td>填写错误不得分</td></tr>
</table>

54. 试题 2-42：BIM 工程计价

考场号		工位号	
评分人		考核日期	

(1)任务描述。

问题一：本工程为湘潭县城某项目，建筑面积为 600 m^2，砖混结构，檐口高度 10 m，3 层，暂列金额为 2000 元。任选智多星、广联达、清华斯维尔等其中一种计价软件完成表 54-1 所列项目的一般计税法的招标控制价文件编制(结果保留二位小数)。

问题二：上交电子成果一份，路径储存在 D 盘以“场次+模块+工位”命名的文件夹中，内有软件生成文件 1 份，有多份的以生成文件的最后时间为准，其余无效。文件夹中还应有导出的一系列电子表格文件(需全套)，另外需上交装订好且签有“场次+模块+工位”和时间的打印稿一份。

(2)实施条件。

材料：记录用 A4 纸(每人 1 张)，打印纸若干张。

工具及参考资料：电脑人手一台(可联网)、正版计价软件(广联达、斯维尔、智多星等计价软件，且已安装好)、打印机、订书机、《建设工程工程量清单计价规范》(GB 50500—2013)、《房屋建筑与装饰工程工程量计算规范》(GB 50854—2013)、《湖南省建设工程计价办法》(湘建价〔2020〕56 号)、《湖南省房屋建筑与装饰工程消耗量标准》(2020)。

(3)考核时量。

2 小时。

(4)评分细则见表 54-2。

表 54-1　E. 18：分部分项工程项目清单与措施项目清单计价表

工程名称：　　　　　　　　标段：　　　　　　　　第　页　共　页

序号	项目编码	项目名称	项目特征描述	计量单位	工程量	金额/元		
						综合单价	合　价	其中：暂估价
1	011101006001	细石混凝土找平层	1. 80 厚细石混凝土找平层，现浇及现场砼，砾石最大粒 10 mm C15，水泥 32. 5	m^2	356. 87			
	B1-4 换	找平层 细石混凝土 80 mm		100 m^2	3. 569			
2	011105003001	块料踢脚线	1. 踢脚线高度：250 mm 2. 粘贴层厚度、材料种类：水泥砂浆 1 : 4(水泥 32. 5 级) 3. 面层材料品种、规格、颜色：陶瓷面砖	m^2	14. 45			
	B1-63	陶瓷地面砖 踢脚线		100 m^2	0. 145			
3	011406001001	内墙抹灰面油漆	乳胶漆三遍	m^2	1463. 89			
	B5-198	刷乳胶漆 抹灰面 三遍		100 m^2	14. 639			
4	011707007001	已完工程及设备保护	成品保护 楼地面	项	1			
	B7-14	成品保护 楼地面		100 m^2	0. 145			
	本页合计							

表 54-2 评分细则表

评价内容			配分	考核点	扣分标准	备注
职业素养（20 分）			5	检查材料及工具是否齐全，做好工作前准备	少检查一项扣 2 分，直到扣完该项得分为止	
			5	文字、表格作业应字迹工整、填写规范	文字潦草扣 2 分，表格填写不规范扣 3 分	
			5	有良好的环境保护意识，文明作业	没有环境保护意识，乱扔纸屑每次扣 2 分，直到扣完该项得分为止	
			5	任务完成后，整齐摆放所给材料及工具、凳子，整理工作台面等	任务完成后，没有整齐摆放所给材料及工具扣 3 分，没有清理场地，没有摆好凳子、整理工作台面扣 2 分	
成果（80 分）	打印装订（15 分）	文件装订	4	能准确按照《湖南省建设工程计价办法》(湘建价〔2020〕56 号)，按顺序打印装订工程造价文件，内容齐全	工程造价文件不按顺序装订扣 4 分	出现明显失误造成图纸、工具书、资料和记录工具严重损坏等；严重违反考场纪律，造成恶劣影响的第一大项计 0 分
		封面和扉页	11	能准确根据项目及任务书的要求，编写封面和扉页	每错一处扣 1 分，扣完为止	
	造价软件的操作（65 分）	分部分项工程	20	能熟练填写分部分项项目清单与计价表，清单项目编码、名称、特征、数量以及组价项目编码、名称、数量	填错一处扣 2.5 分，扣完为止	
		其他项目	10	能准确根据项目要求，填写其他项目费	填写错误不得分	
		人工单价	5	能准确根据项目要求，填写人工单价	填写错误不得分	
		材料单价	10	能准确根据项目要求，填写或导入材料单价	错一个扣 2 分，扣完为止	
		费用取费费率	15	能根据项目准确填写各种费用的费率	错一个扣 3 分，扣完为止	
		税率	5	能根据项目要求准确选定税率	填写错误不得分	

55. 试题 2-43：BIM 工程计价

考场号		工位号	
评分人		考核日期	

(1)任务描述。

问题一：本工程为湘潭市某道路工程，施工内容包括路床整形、沥青混凝土路面等，暂列金额为 2000 元。任选智多星、广联达、清华斯维尔等其中一种计价软件完成表 55-1 所列项目的一般计税法的招标控制价文件编制(结果保留二位小数)。

问题二：上交电子成果一份，路径储存在 D 盘以“场次+模块+工位”命名的文件夹中，内有软件生成文件 1 份，有多份的以生成文件的最后时间为准，其余无效。文件夹中还应有导出的一系列电子表格文件(需全套)，另外需上交装订好且签有“场次+模块+工位”和时间的打印稿一份。

(2)实施条件。

材料：记录用 A4 纸(每人 1 张)，打印纸若干张。

工具及参考资料：电脑人手一台(可联网)、正版计价软件(广联达、斯维尔、智多星等计价软件，且已安装好)、打印机、订书机、《建设工程工程量清单计价规范》(GB 50500—2013)、《市政工程工程量计算规范》(GB 50857—2013)、《湖南省建设工程计价办法》(湘建价〔2020〕56 号)、《湖南省市政工程消耗量标准》(2020)。

(3)考核时量。

2 小时。

(4)评分细则见表 55-2。

表 55-1　E. 18：分部分项工程项目清单与措施项目清单计价表

工程名称：　　　　　　　　标段：　　　　　　　　第　页　共　页

序号	项目编码	项目名称	项目特征描述	计量单位	工程量	金额/元		
						综合单价	合　价	其中：暂估价
1	040202001001	路床(槽)整形	部位：路基	m^2	7500.00			
	D2-6	路床碾压检验		100 m^2	75.00			
2	040203003001	透层、粘层	1. 材料品种：石油沥青 2. 喷油量：1.0 kg/m^2	m^2	6000.00			
	D2-162	喷洒石油沥青 喷油量 1.0 kg/m^2		100 m^2	60.00			
3	040203006001	沥青混凝土	1. 沥青品种：石油沥青 2. 沥青混凝土种类：粗粒式 3. 石料粒径：AC25 4. 厚度：8 cm	m^2	6000.00			
	D2-194+D2-195×2 换	中粒式沥青混凝土路面 机械摊铺 厚度 6 cm~8~换：粗粒式沥青混凝土 AC-25		100 m^2	60.00			
4	040203006002	沥青混凝土	1. 沥青品种：石油沥青 2. 沥青混凝土种类：细粒式 3. 石料粒径：AC10 4. 厚度：3 cm	m^2	6000.00			
	D2-200	细粒式沥青混凝土路面 机械摊铺 厚度 3 cm		100 m^2	60.00			
	本页合计							

表 55-2　评分细则表

<table>
<tr><th colspan="3">评价内容</th><th>配分</th><th>考核点</th><th>扣分标准</th><th>备注</th></tr>
<tr><td colspan="3" rowspan="4">职业素养（20 分）</td><td>5</td><td>检查材料及工具是否齐全，做好工作前准备</td><td>少检查一项扣 2 分，直到扣完该项得分为止</td><td rowspan="4"></td></tr>
<tr><td>5</td><td>文字、表格作业应字迹工整、填写规范</td><td>文字潦草扣 2 分，表格填写不规范扣 3 分</td></tr>
<tr><td>5</td><td>有良好的环境保护意识，文明作业</td><td>没有环境保护意识，乱扔纸屑每次扣 2 分，直到扣完该项得分为止</td></tr>
<tr><td>5</td><td>任务完成后，整齐摆放所给材料及工具、凳子，整理工作台面等</td><td>任务完成后，没有整齐摆放所给材料及工具扣 3 分，没有清理场地，没有摆好凳子、整理工作台面扣 2 分</td></tr>
<tr><td rowspan="8">成果（80 分）</td><td rowspan="2">打印装订（15 分）</td><td>文件装订</td><td>4</td><td>能准确按照《湖南省建设工程计价办法》（湘建价〔2020〕56 号），按顺序打印装订工程造价文件，内容齐全</td><td>工程造价文件不按顺序装订扣 4 分</td><td rowspan="8">出现明显失误造成图纸、工具书、资料和记录工具严重损坏等；严重违反考场纪律，造成恶劣影响的第一大项计 0 分</td></tr>
<tr><td>封面和扉页</td><td>11</td><td>能准确根据项目及任务书的要求，编写封面和扉页</td><td>每错一处扣 1 分，扣完为止</td></tr>
<tr><td rowspan="6">造价软件的操作（65 分）</td><td>分部分项工程</td><td>20</td><td>能熟练填写分部分项项目清单与计价表，清单项目编码、名称、特征、数量以及组价项目编码、名称、数量</td><td>填错一处扣 2.5 分，扣完为止</td></tr>
<tr><td>其他项目</td><td>10</td><td>能准确根据项目要求，填写其他项目费</td><td>填写错误不得分</td></tr>
<tr><td>人工单价</td><td>5</td><td>能准确根据项目要求，填写人工单价</td><td>填写错误不得分</td></tr>
<tr><td>材料单价</td><td>10</td><td>能准确根据项目要求，填写或导入材料单价</td><td>错一个扣 2 分，扣完为止</td></tr>
<tr><td>费用取费费率</td><td>15</td><td>能根据项目准确填写各种费用的费率</td><td>错一个扣 3 分，扣完为止</td></tr>
<tr><td>税率</td><td>5</td><td>能根据项目要求准确选定税率</td><td>填写错误不得分</td></tr>
</table>

三、跨岗位综合技能模块

项目十四　建设项目决策和财务分析

56. 试题 3-1：建设项目决策和财务分析

考场号		工位号	
评分人		考核日期	

(1)任务描述。

某工程建设项目已知情况如下：

项目建设期 2 年，运营期 6 年，建设投资 2000 万元，预计全部形成固定资产。

项目资金来源为自有资金和贷款。建设期内，每年均衡投入自有资金和贷款各 500 万元，贷款年利率为 6%，流动资金全部用项目资本金支付，金额为 300 万元，于投产当年投入。

固定资产使用年限为 8 年，采用直线法折旧，残值为 100 万元。

项目贷款在运营期的 6 年间，按照等额还本、利息照付的方法偿还。

项目投产第 1 年的营业收入和经营成本分别为 700 万元和 250 万元，第 2 年的营业收入和经营成本分别为 900 万元和 300 万元，以后各年的营业收入和经营成本分别为 1000 万元和 320 万元。不考虑项目维持运营投资、补贴收入。

企业所得税税率为 25%。

问题一：列式计算建设期贷款利息、固定资产年折旧费和计算期第 8 年的固定资产余值。

问题二：计算各年还本、付息额及总成本费用，并将数据填入表 56-1 和表 56-2 中。

表 56-1　借款还本付息计划表　　单位：万元

序号	项目	计算期							
		1	2	3	4	5	6	7	8
1	期初借款余额								
2	当年还本付息								
2.1	当年还本								
2.2	当年付息								
3	期末借款余额								

表 56-2　总成本费用估算表　　单位：万元

序号	项目	计算期					
		3	4	5	6	7	8
1	年经营成本	250.00	300.00	320.00	320.00	320.00	320.00
2	年折旧费用	245.11	245.11	245.11	245.11	245.11	245.11
2.1	长期贷款利息	63.65	53.04	42.44	31.83	21.22	10.61
2.2	总成本费用						

问题三：列式计算投产期第 3 年的所得税。从项目资本金出资者的角度，列式计算投产期第 8 年的净现金流量。

注意：计算结果以万元为单位，保留两位小数。

(2)实施条件。

场地：普通教室。

材料：试题册、答题纸、草稿纸。

(3)考核时量。

2 小时。

(4)评分细则见表 56-3。

表 56-3　评分细则表

评价内容		配分	考核点	扣分标准	备注
职业素养（20 分）		5	检查材料及工具是否齐全，做好工作前准备	少检查一项扣 2 分，直到扣完该项得分为止	严重违反考场纪律，造成恶劣影响的职业素养项计 0 分
		5	文字、表格作业应字迹工整、填写规范	文字潦草扣 2 分，表格填写不规范扣 3 分	
		5	有良好的环境保护意识，文明作业	没有环境保护意识，乱扔纸屑每次扣 2 分，直到扣完该项得分为止	
		5	任务完成后，整齐摆放所给材料及工具、凳子，整理工作台面等	任务完成后，没有整齐摆放所给材料及工具扣 3 分，没有清理场地，没有摆好凳子、整理工作台面扣 2 分	
成果（80 分）	建设项目决策和财务分析	8	第 1、2 年建设期贷款利息计算	计算错误每处扣 4 分，扣完为止	
		4	固定资产年折旧费计算	计算错误扣 4 分	
		4	固定资产余值计算	计算错误扣 4 分	
		34	借款还本付息计划表填写	每一空计算错误扣 1 分，共 34 空	
		12	总成本费用估算表填写	每一空计算错误扣 2 分，共 6 空	
		8	投产期第 3 年所得税计算	第 3 年营业税及附加计算错误扣 4 分，第 3 年所得税计算错误扣 4 分	
		10	投产期第 8 年净现金流量计算	第 8 年现金流入计算错误扣 4 分，第 8 年现金流出计算错误扣 4 分，第 8 年净现金流量计算错误扣 2 分	

57. 试题3-2：建设项目决策和财务分析

考场号		工位号	
评分人		考核日期	

(1)任务描述。

某企业拟于某城市新建一个工业项目，该项目可行性研究相关基础数据如下：

①拟建项目占地面积40亩，建筑面积15000 m^2，该拟建项目设计标准、规模与该企业2年前在另一城市修建的同类项目相同。已建同类项目的单位建筑工程费用为1400元/m^2，建筑工程的综合用工量为5工日/m^2，综合工日单价为110元/工日，建筑工程费用中的材料费占比为60%，机械使用费占比为8%。考虑地区和交易时间差异，拟建项目的综合工日单价为110元/工日，材料费修正系数为1.1，机械使用费的修正系数为1.05，人材机以外的其他费用修正系数为1.08。

②根据市场询价，该拟建项目设备投资估算为2000万元，设备安装工程费用为设备投资的15%，项目土地相关费用按15万元/亩计算，除土地外的工程建设其他费用为项目建安工程费用的15%。项目的基本预备费率为5%，不考虑价差预备费。

问题：请计算该拟建项目的建设投资(计算过程和计算结果均以万元为单位，保留两位小数)。

(2)实施条件。

场地：普通教室。

材料：试题册、答题纸、草稿纸。

(3)考核时量。

2小时。

(4)评分细则见表57-1。

表57-1 评分细则表

评价内容	配分	考核点	扣分标准	备注
职业素养(20分)	5	检查材料及工具是否齐全，做好工作前准备	少检查一项扣2分，直到扣完该项得分为止	
	5	文字、表格作业应字迹工整、填写规范	文字潦草扣2分，表格填写不规范扣3分	
	5	有良好的环境保护意识，文明作业	没有环境保护意识，乱扔纸屑每次扣2分，直到扣完该项得分为止	
	5	任务完成后，整齐摆放所给材料及工具、凳子，整理工作台面等	任务完成后，没有整齐摆放所给材料及工具扣3分，没有清理场地，没有摆好凳子、整理工作台面扣2分	

续表 57-1

评价内容			配分	考核点	扣分标准	备注
成果(80分)	建设项目总投资计算	建筑工程费	25	建筑工程费计算准确	建筑工程费计算过程不准确每处扣3分，扣完为止；计算过程准确，计算结果有误(数值、单位和保留小数不准确)扣2分；未体现该费用计算过程，只有答案，得2分	考试资料尤其是答题纸严重损坏；严重违反考场纪律，造成恶劣影响的第一大项计0分
		设备购置费	5	能够按照已知判断设备购置费	设备购置费判断不准确扣5分	
		设备安装工程费	10	设备安装工程费计算准确	设备安装工程费计算过程不准确扣8分；计算过程准确，计算结果有误(数值、单位和保留小数不准确)扣2分	
		工程建设其他费	15	工程建设其他费计算准确	工程建设其他费计算过程不准确扣12分；计算过程准确，计算结果有误(数值、单位和保留小数不准确)扣3分	
		基本预备费	10	基本预备费计算准确	基本预备费计算过程不准确扣8分；计算过程准确，计算结果有误(数值、单位和保留小数不准确)扣2分	
		建设投资	15	建设投资计算准确	建设投资计算过程不准确扣10分；计算过程准确，计算结果有误(数值、单位和保留小数不准确)扣5分	

58. 试题 3-3：建设项目决策和财务分析

考场号		工位号	
评分人		考核日期	

(1)任务描述。

某业主邀请若干厂家对某商务楼的设计方案进行评价，经专家讨论确定的主要评价指标分别为：功能适用性(F1)、经济合理性(F2)、结构可靠性(F3)、外形美观性(F4)、环境协调性(F5)。各功能之间的重要性关系为：F3 比 F4 重要得多，F3 比 F1 重要，F1 和 F2 同等重要，F4 和 F5 同等重要。经过筛选后，最终对 A、B、C 三个设计方案进行评价，三个设计方案评价指标的评价结果和估算总造价见表 58-1。

表 58-1　各方案评价指标的评价结果和估算造价表

功能	方案 A	方案 B	方案 C
功能适用性(F1)	9 分	8 分	10 分
经济合理性(F2)	8 分	10 分	8 分
结构可靠性(F3)	10 分	9 分	8 分
外形美观性(F4)	7 分	8 分	9 分
环境协调性(F5)	8 分	9 分	8 分
估算总造价(万元)	6500	6600	6650

问题一：用 0-4 评分法计算各功能的权重(计算结果保留三位小数)。

问题二：用价值工程的方法选择最佳设计方案(计算结果保留三位小数)。

问题三：若 A、B、C 三个方案的年度使用费用分别为 340 万元、300 万元、350 万元，设计使用年限均为 50 年，行业标准投资效果系数为 10%，用寿命周期费用法选择最佳设计方案(计算结果保留两位小数)。

(2)实施条件。

场地：普通教室。

材料：试题册、答题纸、草稿纸。

(3)考核时量。

2 小时。

(4)评分细则见表 58-2。

表 58-2　评分细则表

<table>
<tr><th colspan="3">评价内容</th><th>配分</th><th>考核点</th><th>扣分标准</th><th>备注</th></tr>
<tr><td colspan="3" rowspan="4">职业素养
（20 分）</td><td>5</td><td>检查材料及工具是否齐全，做好工作前准备</td><td>少检查一项扣 2 分，直到扣完该项得分为止</td><td rowspan="10">考试资料尤其是答题纸严重损坏；严重违反考场纪律，造成恶劣影响的第一大项计 0 分</td></tr>
<tr><td>5</td><td>文字、表格作业应字迹工整、填写规范</td><td>文字潦草扣 2 分，表格填写不规范扣 3 分</td></tr>
<tr><td>5</td><td>有良好的环境保护意识，文明作业</td><td>没有环境保护意识，乱扔纸屑每次扣 2 分，直到扣完该项得分为止</td></tr>
<tr><td>5</td><td>任务完成后，整齐摆放所给材料及工具、凳子，整理工作台面等</td><td>任务完成后，没有整齐摆放所给材料及工具扣 3 分，没有清理场地，没有摆好凳子、整理工作台面扣 2 分</td></tr>
<tr><td rowspan="6">成果（80 分）</td><td>工程设计方案技术经济分析（30 分）</td><td>动态经济评价</td><td>30</td><td>工程设计方案的动态经济评价准确</td><td>单个方案的年度寿命周期成本计算过程不准确扣 7 分，共 21 分，扣完为止；单个方案计算过程准确，计算结果有误（数值、单位和保留小数不准确）扣 3 分，共 9 分</td></tr>
<tr><td rowspan="5">运用价值工程进行工程设计方案优化（50 分）</td><td>功能权重计算</td><td>15</td><td>利用 0-4 评分法计算功能权重准确</td><td>功能权重计算错误一个扣 3 分，共 15 分</td></tr>
<tr><td>功能系数</td><td>9</td><td>功能系数计算准确</td><td>功能系数计算错误一个扣 3 分，共 9 分</td></tr>
<tr><td>成本系数</td><td>9</td><td>成本系数计算准确</td><td>成本系数计算错误一个扣 3 分，共 9 分</td></tr>
<tr><td>价值系数</td><td>9</td><td>价值系数计算准确</td><td>价值系数计算错误一个扣 3 分，共 9 分</td></tr>
<tr><td>最优方案选取</td><td>8</td><td>准确选择最优方案</td><td>最优方案选择错误扣 8 分</td></tr>
</table>

项目十五　建设项目招投标与合同管理

59. 试题 3-4：建设项目招投标与合同管理

考场号		工位号	
评分人		考核日期	

(1)任务描述。

某建设单位经相关主管部门批准，组织某建设项目全过程总承包(即 EPC 模式)的公开招标工作。根据实际情况和建设单位要求，该工程工期定为两年，考虑到各种因素的影响，决定该工程在基本方案确定后即开始招标，确定的招标程序如下：

①成立该工程招标领导机构。

②委托招标代理机构代理招标。

③发出投标邀请书。

④对报名参加投标者进行资格预审，并将结果通知合格的申请投标人。

⑤向所有获得投标资格的投标人发售招标文件。

⑥召开投标预备会。

⑦招标文件的澄清与修改。

⑧建立评标组织，制定标底和评标、定标办法。

⑨召开开标会议，审查投标书。

⑩组织评标。

⑪与合格的投标者进行质疑澄清。

⑫决定中标单位。

⑬发出中标通知书。

⑭建设单位与中标单位签订承发包合同。

问题一：指出上述招标程序中的不妥和不完善之处，并予以纠正。

问题二：该工程共有 7 家投标人投标，在开标过程中，出现如下情况：

①其中 1 家投标人的投标书没有按照招标文件的要求进行密封和加盖企业法人印章，经招标人认定，该投标作无效投标处理。

②其中 1 家投标人提供的企业法定代表人委托书是复印件，经招标人认定，该投标作无效投标处理。

③开标人发现剩余的 5 家投标人中，有 1 家的投标报价与标底价格相差较大，经现场商议，也作为无效投标处理。

指明以上处理是否准确，并说明理由。

(2)实施条件。

场地：普通教室。

材料：试题册、答题纸、草稿纸。

(3)考核时量。

2 小时。

(4)评分细则见表 59-1。

表 59-1　评分细则表

<table>
<tr><th colspan="2">评价内容</th><th>配分</th><th>考核点</th><th>扣分标准</th><th>备注</th></tr>
<tr><td colspan="2" rowspan="4">职业素养
(20 分)</td><td>5</td><td>检查材料及工具是否齐全，做好工作前准备</td><td>少检查一项扣 2 分，直到扣完该项得分为止</td><td rowspan="10">出现明显失误造成图纸、工具书、资料和记录工具严重损坏等；严重违反考场纪律，造成恶劣影响的第一大项计 0 分</td></tr>
<tr><td>5</td><td>文字、表格作业应字迹工整、填写规范</td><td>文字潦草扣 2 分，表格填写不规范扣 3 分</td></tr>
<tr><td>5</td><td>有良好的环境保护意识，文明作业</td><td>没有环境保护意识，乱扔纸屑每次扣 2 分，直到扣完该项得分为止</td></tr>
<tr><td>5</td><td>任务完成后，整齐摆放所给材料及工具、凳子，整理工作台面等</td><td>任务完成后，没有整齐摆放所给材料及工具扣 3 分，没有清理场地，没有摆好凳子、整理工作台面扣 2 分</td></tr>
<tr><td rowspan="6">成果
(80 分)</td><td rowspan="3">招投标组织程序纠错
(40 分)</td><td>10</td><td>找出招标组织方式的错误并予以纠正</td><td>未找出错误扣 10 分，未说明正确做法扣 5 分</td></tr>
<tr><td>15</td><td>找出资格预审结果通知对象的错误并予以纠正</td><td>未找出错误扣 15 分，未说明正确做法扣 10 分</td></tr>
<tr><td>15</td><td>找出标底和评标定标办法的错误并予以纠正</td><td>未找出错误扣 15 分，未说明正确做法扣 10 分</td></tr>
<tr><td rowspan="3">开标过程处理(40 分)</td><td>10</td><td>开标过程中核验投标书有效性的处理判断准确，理由充分合理</td><td>判断错误扣 10 分，未说明原因扣 5 分</td></tr>
<tr><td>15</td><td>开标过程中核验委托书有效性的处理判断准确，理由充分合理</td><td>判断错误扣 15 分，未说明原因扣 5 分</td></tr>
<tr><td>15</td><td>无效投标的判断依据准确，理由充分合理</td><td>判断错误扣 15 分，未说明原因扣 10 分</td></tr>
</table>

60. 试题 3-5：建设项目招投标与合同管理

考场号		工位号	
评分人		考核日期	

(1)任务描述。

某市重点工程项目拟采用工程量清单计价方式进行施工招标。在招投标过程中，有下列事件发生：

事件 1：招标文件中要求投标人必须认真核查招标文件中的工程量清单并为其完整性负责。

事件 2：某造价咨询企业接受了该项目招标控制价的编制工作，认为最高限价不需保密，因此又拟接受该项目某投标人的委托，为其编制投标报价文件。

事件 3：投标人 A 在通过资格预审后，对招标文件进行了详细分析，经初步测算，拟投标报价 9000 万元。为了不影响中标，又能在中标后取得较好的收益，造价工程师决定采用不平衡报价法对原估价作适当调整，调整前后数据详见表 60-1，现值系数表见表 60-2。

表 60-1　报价调整前后对比表　　单位：万元

	基础工程	上部结构工程	装饰和安装工程	总造价	计划工期
调整前 (投标估价)	1100 (工期 4 个月)	4560 (工期 12 个月)	3340 (工期 8 个月)	9000	24 月
调整后 (正式报价)	1200 (工期 4 个月)	4800 (工期 12 个月)	3000 (工期 8 个月)	9000	24 月

表 60-2　现值系数值

n	4	8	12	16	24
$(P/A, 1\%, n)$	3.9020	7.6517	11.2551	14.7179	21.2434
$(P/F, 1\%, n)$	0.9610	0.9235	0.8874	0.8528	0.7876

事件 4：投标人 B 在对招标文件分析中，发现业主所提出的工期要求过于苛刻，且合同条款中规定每拖延 1 天工期罚合同价的 1‰。若要保证实现该工期要求，必须采取特殊措施，从而大大增加成本。因此，该投标人在投标文件中说明业主的工期要求难以实现，因而按自己认为的合理工期(比业主要求的工期增加 6 个月)编制施工进度计划并据此报价。

事件 5：在规定的开标时间前 1 小时，投标人 C 又递交了一份补充材料，声明将原报价降低 4%，并详细说明了需调整的各分部分项工程的综合单价及相应总价。但是，招标单位的有关工作人员认为，根据国际上“一标一投”的惯例，一个承包商不得递交两份投标文件，因而拒收承包商的补充材料。

事件 6：评标委员会某成员认为投标人 D 与招标人曾经在多个项目上合作过，从有利于招标人的角度，建议优先选择投标人 D 为中标候选人。

问题一：事件 1、事件 2 中的要求和行为是否妥当？说明理由。

问题二：事件 3 中，投标人 A 运用了哪种报价技巧？其运用是否得当？

问题三：事件 4 中，投标人 B 运用了哪种报价技巧？其运用是否得当？

问题四：事件 5 中，投标人 C 运用了哪种报价技巧？其运用是否得当？招标人的做法是否得当？说明理由。

问题五：事件 6 中有哪些不妥之处？说明理由。

(2)实施条件。

场地：普通教室。

材料：试题册、答题纸、草稿纸。

(3)考核时量。

2 小时。

(5)评分细则见表 60-3。

表 60-3 评分细则表

<table>
<tr><th colspan="2">评价内容</th><th>配分</th><th>考核点</th><th>扣分标准</th><th>备注</th></tr>
<tr><td colspan="2" rowspan="4">职业素养
(20 分)</td><td>5</td><td>检查材料及工具是否齐全，做好工作前准备</td><td>少检查一项扣 2 分，直到扣完该项得分为止</td><td rowspan="9">严重违反考场纪律，造成恶劣影响的职业素养项计 0 分</td></tr>
<tr><td>5</td><td>文字、表格作业应字迹工整、填写规范</td><td>文字潦草扣 2 分，表格填写不规范扣 3 分</td></tr>
<tr><td>5</td><td>有良好的环境保护意识，文明作业</td><td>没有环境保护意识，乱扔纸屑每次扣 2 分，直到扣完该项得分为止</td></tr>
<tr><td>5</td><td>任务完成后，整齐摆放所给材料及工具、凳子，整理工作台面等</td><td>任务完成后，没有整齐摆放所给材料及工具扣 3 分，没有清理场地，没有摆好凳子、整理工作台面扣 2 分</td></tr>
<tr><td rowspan="5">成果
(80 分)</td><td rowspan="5">建设项目招投标与合同管理</td><td>20</td><td rowspan="5">多方案报价法的运用</td><td>事件 1～2 判断错误各扣 10 分，原因分析错误各扣 6 分</td></tr>
<tr><td>15</td><td>事件 3 判断错误扣 15 分，原因分析错误扣 10 分</td></tr>
<tr><td>15</td><td>事件 4 判断错误扣 15 分，原因分析错误扣 10 分</td></tr>
<tr><td>15</td><td>事件 5 判断错误扣 15 分，原因分析错误扣 10 分</td></tr>
<tr><td>15</td><td>事件 6 判断错误扣 15 分，原因分析错误扣 10 分</td></tr>
</table>

项目十六　工程索赔和工程结算

61. 试题 3-6：工程索赔和工程结算

考场号		工位号	
评分人		考核日期	

(1)任务描述。

某政府投资建设工程项目，采用《建设工程工程量清单计价规范》计价方式招标，发包方与承包方签订施工合同，合同工期为 110 天。施工合同约定如下：

①工期每提前(或拖延)1 天，奖励(或罚款)3000 元(含税金)。

②各项工作实际工程量在清单工程量变化幅度±10%以外的，双方可协商调整综合单价。变化幅度在±10%以内的，综合单价不予调整。

③发包方原因造成机械闲置，其补偿单价按照机械台班单价的 50%计算，人员窝工补偿单价按照 50 元/工日计算。

开工前，由承包人编制并经发包人批准的网络计划如图 61-1 所示。

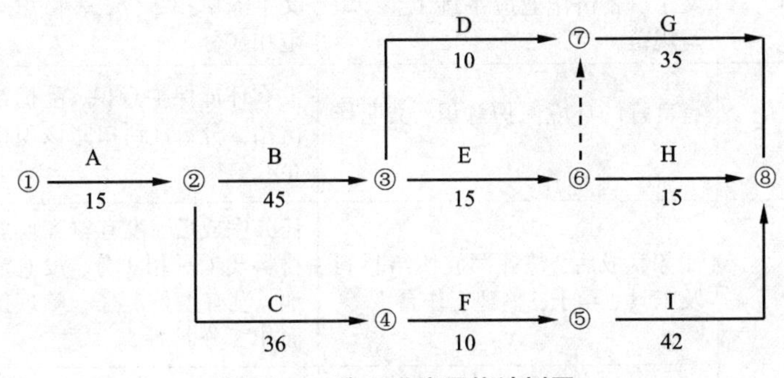

图 61-1　施工进度网络计划图

根据施工方案要求，工作 B 和 I 需要使用同一台施工机械，该机械台班单价为 1000 元/台班。

该工程按合同约定正常开工，施工过程中依次发生如下事件。

事件 1：C 工作施工中，业主要求调整设计方案，使工作 C 的持续时间延长 10 天，人员窝工 50 工日。

事件 2：I 工作施工前，承包方为了获得工期提前奖，经承发包双方商定，使 I 工作持续时间缩短 2 天，增加赶工措施费 3500 元。

事件 3：H 工作施工过程中，因劳动力供应不足，使 H 工作拖延了 5 天。承包方强调劳动力供应不足是因天气过于炎热。

事件 4：招标文件中 G 工作的清单工程量为 1750 m^3(综合单价为 300 元/m^3)，现场实际情况与施工图纸不符，实际工程量为 1900 m^3。经承发包双方商定，在 G 工作工程量增加但不影响因事件 1～事件 3 而调整的项目总工期的前提下，增加的赶工工程量按综合单价 60 元/m^3 计算赶工费（不考虑其他措施费）。

上述事件发生后，承包方均及时向发包方提出了索赔，并得到了相应的处理。

问题一：承包方是否可以分别就事件 1～事件 4 提出工期和费用索赔？说明理由。

问题二：事件 1～事件 4 发生后，承包方可得到的合理工期补偿为多少天？该项目的实际工期是多少天？

问题三：事件 1～事件 4 发生后，承包方可索赔的直接费是多少？（注意：计算过程和结果均以元为单位，结果取整。）

（2）实施条件。

场地：普通教室。

材料：试题册、答题纸、草稿纸。

（3）考核时量。

2 小时。

（6）评分细则见表 61-1。

表 61-1　评分细则表

<table>
<tr><th colspan="2">评价内容</th><th>配分</th><th>考核点</th><th>扣分标准</th><th>备注</th></tr>
<tr><td colspan="2" rowspan="4">职业素养
（20 分）</td><td>5</td><td>检查材料及工具是否齐全，做好工作前准备</td><td>少检查一项扣 2 分，直到扣完该项得分为止</td><td rowspan="8">严重违反考场纪律，造成恶劣影响的职业素养项计 0 分</td></tr>
<tr><td>5</td><td>文字、表格作业应字迹工整、填写规范</td><td>文字潦草扣 2 分，表格填写不规范扣 3 分</td></tr>
<tr><td>5</td><td>有良好的环境保护意识，文明作业</td><td>没有环境保护意识，乱扔纸屑每次扣 2 分，直到扣完该项得分为止</td></tr>
<tr><td>5</td><td>任务完成后，整齐摆放所给材料及工具、凳子，整理工作台面等</td><td>任务完成后，没有整齐摆放所给材料及工具扣 3 分，没有清理场地，没有摆好凳子、整理工作台面扣 2 分</td></tr>
<tr><td rowspan="4">成果
（80 分）</td><td rowspan="2">工期索赔
（43 分）</td><td>28</td><td>问题一中判断事件 1～事件 4 是否可以索赔工期，及理由</td><td>判断错误每处扣 2 分，理由错误每处扣 5 分，扣完为止</td></tr>
<tr><td>15</td><td>计算问题二中的合理工期补偿、实际工期。计算问题三中的可奖励的工期提前天数</td><td>每处错误扣 5 分，扣完为止</td></tr>
<tr><td rowspan="2">费用索赔
（37 分）</td><td>12</td><td>问题一中判断事件 1～事件 4 是否可以索赔费用，及理由</td><td>判断错误每处扣 2 分，理由错误每处扣 1 分，扣完为止</td></tr>
<tr><td>25</td><td>事件 1 费用索赔额计算；事件 4 费用索赔额计算；提前完工奖励费用计算；总费用索赔额计算。</td><td>事件 1、事件 4 费用索赔款计算错误分别扣 5 分、12 分；提前完工奖励费用、总费用索赔额计算错误分别扣 4 分</td></tr>
</table>

62. 试题 3-7：工程索赔和工程结算

考场号		工位号	
评分人		考核日期	

(1)任务描述。

某项目建筑工程承包合同中规定：

①建筑安装工程造价为 1600 万元，建筑材料及设备费占施工产值的比重为 60%。

②工程预付款为建筑安装工程造价的 20%。工程实施后，工程预付款从未施工工程尚需的主要材料及构件的价值相当于工程预付款数额时起扣，从每次结算工程价款中按材料和设备占施工产值的比重扣抵工程预付款，竣工前全部扣清。

③工程进度款逐月计算。

④工程保修金为建筑安装工程造价的 3%，竣工结算月一次扣留。

⑤材料和设备价差调整按规定进行(按有关规定上半年材料和设备价差上调 10%，在 5 月份一次调增)。

承包商每月实际完成并经工程师签证确认的工程量见表 62-1。

表 62-1　承包商每月实际完成并经工程师签证确认的工程量

月份	1 月	2 月	3 月	4 月	5 月
完成产值/万元	134	266	400	534	266

问题一：该工程的工程预付款、起扣点为多少？

问题二：该工程每月应拨付工程款为多少？累计工程款为多少？

问题三：5 月份办理工程竣工结算，该工程结算造价为多少？甲方应付工程结算款为多少？

(计算结果单位为万元，保留两位小数。)

(2)实施条件。

场地：普通教室。

材料：试题册、答题纸、草稿纸。

(3)考核时量。

2 小时。

(4)评分细则见表 62-2。

表 62-2　评分细则表

评价内容			配分	考核点	扣分标准	备注
职业素养（20 分）			5	检查材料及工具是否齐全，做好工作前准备	少检查一项扣 2 分，直到扣完该项得分为止	严重违反考场纪律，造成恶劣影响的职业素养项计 0 分
			5	文字、表格作业应字迹工整、填写规范	文字潦草扣 2 分，表格填写不规范扣 3 分	
			5	有良好的环境保护意识，文明作业	没有环境保护意识，乱扔纸屑每次扣 2 分，直到扣完该项得分为止	
			5	任务完成后，整齐摆放所给材料及工具、凳子，整理工作台面等	任务完成后，没有整齐摆放所给材料及工具扣 3 分，没有清理场地，没有摆好凳子、整理工作台面扣 2 分	
成果（80 分）	工程结算	预付款（18 分）	8	预付款计算	计算错误扣 8 分	
			10	预付款起扣点计算	计算错误扣 10 分	
		结算款（62 分）	48	1~4 月每月应拨付工程款计算，1~4 月每月累计工程款计算	计算错误每处扣 6 分，扣完为止	
			14	工程结算总造价计算，甲方应付工程结算款计算	计算错误一处扣 7 分，扣完为止	

附件一　某办公楼建筑结构施工图

建筑设计总说明

一、建筑室内标高±0.000 m。
二、本施工图所注尺寸，所有标高以m为单位，其余以mm为单位。
三、楼地面：
1.地面做法参见98ZJ001地19。
2.楼地面做法参见98ZJ001楼10。
四、外墙面：外墙面做法按98ZJ001外墙22。
五、内墙装修：
1.房间内墙详98ZJ001内墙4，面刮双飞粉腻子。
2.女儿墙内墙详见98ZJ001内墙4。
六、顶棚装修：做法详见98ZJ001顶3，面刮双飞粉腻子。
七、屋面：屋面做法详见98ZJ001屋11。
八、散水：
1.20 mm厚1:1水泥石灰将找面压光。
2.60 mm厚C15混凝土。
3.60 mm厚中砂垫层。
4.素土夯实，向外坡4%。
九、踢脚：陶瓷地砖踢脚高150 mm。
十、楼梯间、钢管扶手型栏杆：扶手距踏步50 mm。

结构设计总说明

一、设计原则和标准
1.结构的设计使用年限：50年。
2.建筑结构的安全等级：二级。
3.地震基本烈度六级：设防烈度6度。
4.建筑类别及设防标准：丙类；抗震等级：框架，四级。
二、基础
C20独立柱基，C25钢筋混凝土基础梁。
三、上部结构
现浇钢筋混凝土框架结构，梁、板、柱混凝土标号均为C25。
四、材料及结构说明：
1.受力钢筋的混凝土保护层，基础40 mm，±0.000以上板15 mm，梁25 mm，柱30 mm。
2.所有板底受力筋长度为梁中心线长度+100 mm（图上没注明的钢筋均为Φ6@200）。
3.沿框架柱高每隔500 mm设2Φ6拉筋，伸入墙内的长度为1000 mm。
4.屋面板为配置钢筋的表面均设置Φ6@200双向温度筋，与板负钢筋的搭接长度为150 mm。
5.±0.000以上砌体砖隔墙均用M5混合砂浆砌筑，除阳台、女儿墙采用MU10标准砖外，其余均采用M10烧结多孔砖。
6.过梁门窗洞口均设有钢筋混凝土过梁，接墙柱宽×200×（洞口宽+500），配4Φ12纵筋Φ6@200箍筋。

图集附图

图集编号	编号	名称	用料做法
98ZJ001 楼9	地19 100 mm厚混凝土	陶瓷地砖地面	8~10 mm厚地砖(600 mm×600 mm)铺实拍平，水泥浆擦缝；25 mm厚1:4干硬性水泥砂浆，面上撒素水泥浆；素水泥浆结合层一道；100 mm厚C10混凝土；素土夯实
98ZJ001 楼10	楼10	陶瓷地砖地面	8~10 mm厚地砖(600 mm×600 mm)铺实拍平，水泥浆擦缝；25 mm厚1:4干硬性水泥砂浆，面上撒素水泥浆；钢筋混凝土楼板
98ZJ001 内墙4	内墙4	混合砂浆墙面	15 mm厚1:1:6水泥石灰砂浆；5 mm厚1:0.5:3水泥石灰砂浆
98ZJ001 外墙22	外墙22	涂料外墙面	12 mm厚1:3水泥砂浆；8 mm厚1:2水泥砂浆木抹搓平；喷或涂刷涂料两遍
98ZJ001 顶3	顶3	混合砂浆顶棚	钢筋混凝土底面清理干净；7 mm厚1:1:4水泥石灰砂浆；5 mm厚1:0.5:3水泥石灰砂浆；表面喷刷涂料另进
98ZJ001 屋11	屋11	高聚物改性沥青防水卷材，屋面有隔热层，无保温层	35 mm厚490 mm×490 mm，C20预制钢筋混凝土板；M2.5砂浆砌巷砖三皮，中距500 mm；4 mm厚SBS改性沥青防水卷材；刷基层处理剂一遍；20 mm厚1:2水泥砂浆找平层；20 mm厚(最薄处)1:10水泥珍珠岩找2%坡；钢筋混凝土屋面板，表面清扫干净

门窗表

门窗编号	门窗类型	洞口尺寸/mm		数量/樘	备注
		宽	高		
M-1	铝合金地弹门	2400	2700	1	46系列(2.0 mm厚)
M-2	镶板门	900	2400	4	
M-3	镶板门	900	2100	2	
MC-1	塑钢门联窗	2400	2700	1	窗台高900 mm,80系列(5 mm厚白)
C-1	铝合金窗	1500	1800	8	窗台高900 mm,96系列(带纱推拉窗)
C-2	铝合金窗	1800	1800	2	窗台高900 mm,96系列(带纱推拉窗)

柱表

标号	标高/m	$b\times h$ /mm×mm	b_1 /mm	b_2 /mm	h_1 /mm	h_2 /mm	全部纵筋	角筋	b边一侧中部筋	h边一侧中部筋	箍筋类型号	箍筋
Z1	−0.8~3.6	500×500	250	250	250	250		4Φ25	3Φ22	3Φ22	(1) 5×5	Φ10-100/200
	3.6~7.2	500×500	250	250	250	250		4Φ25	3Φ22	3Φ22	(1) 5×5	Φ10-100/200
Z2	−0.8~3.6	400×500	200	200	250	250		4Φ25	2Φ22	3Φ22	(2) 4×5	Φ10-100/200
	3.6~7.2	400×500	200	200	250	250		4Φ22	2Φ22	3Φ22	(2) 4×5	Φ10-100/200
Z3	−0.8~3.6	400×400	200	200	200	200		4Φ22	2Φ22	2Φ22	(2) 4×4	Φ8-100/200
	3.6~7.2	400×400	200	200	200	200		4Φ22	2Φ22	2Φ22	(2) 4×4	Φ8-100/200

工程名称	办公楼	
图　名	总说明	
图　号	建施0	设计

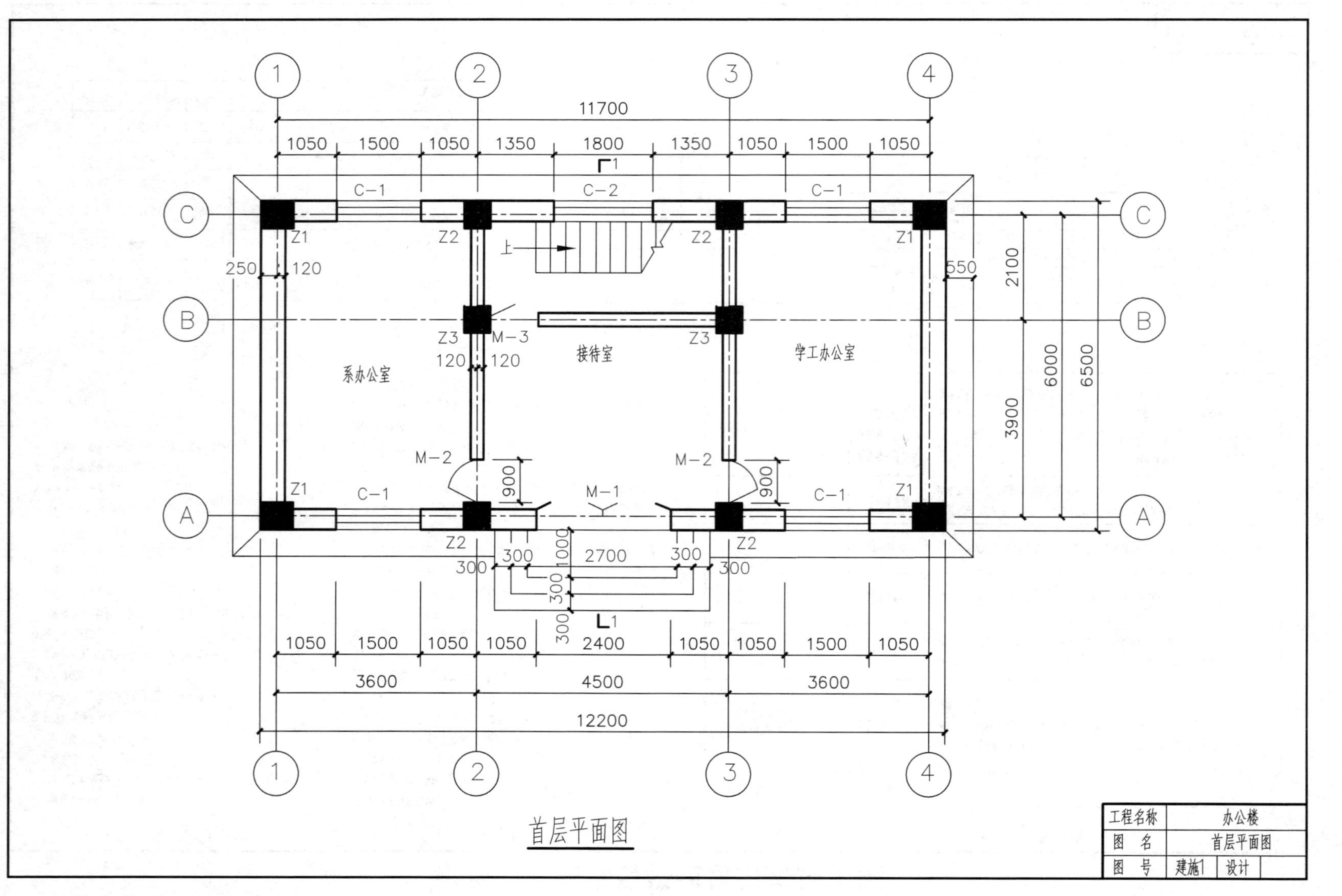
11700
1050 1500 1050 1350 1800 1350 1050 1500 1050
C-1
C-2
Z1
Z2
Z3
上
250
120
550
2100
3900
6000
6500
M-3
系办公室
接待室
学工办公室
M-2
M-1
900
300
1000
2700
2400
3600
4500
12200
首层平面图
工程名称
办公楼
图　名
首层平面图
图　号
建施1
设计

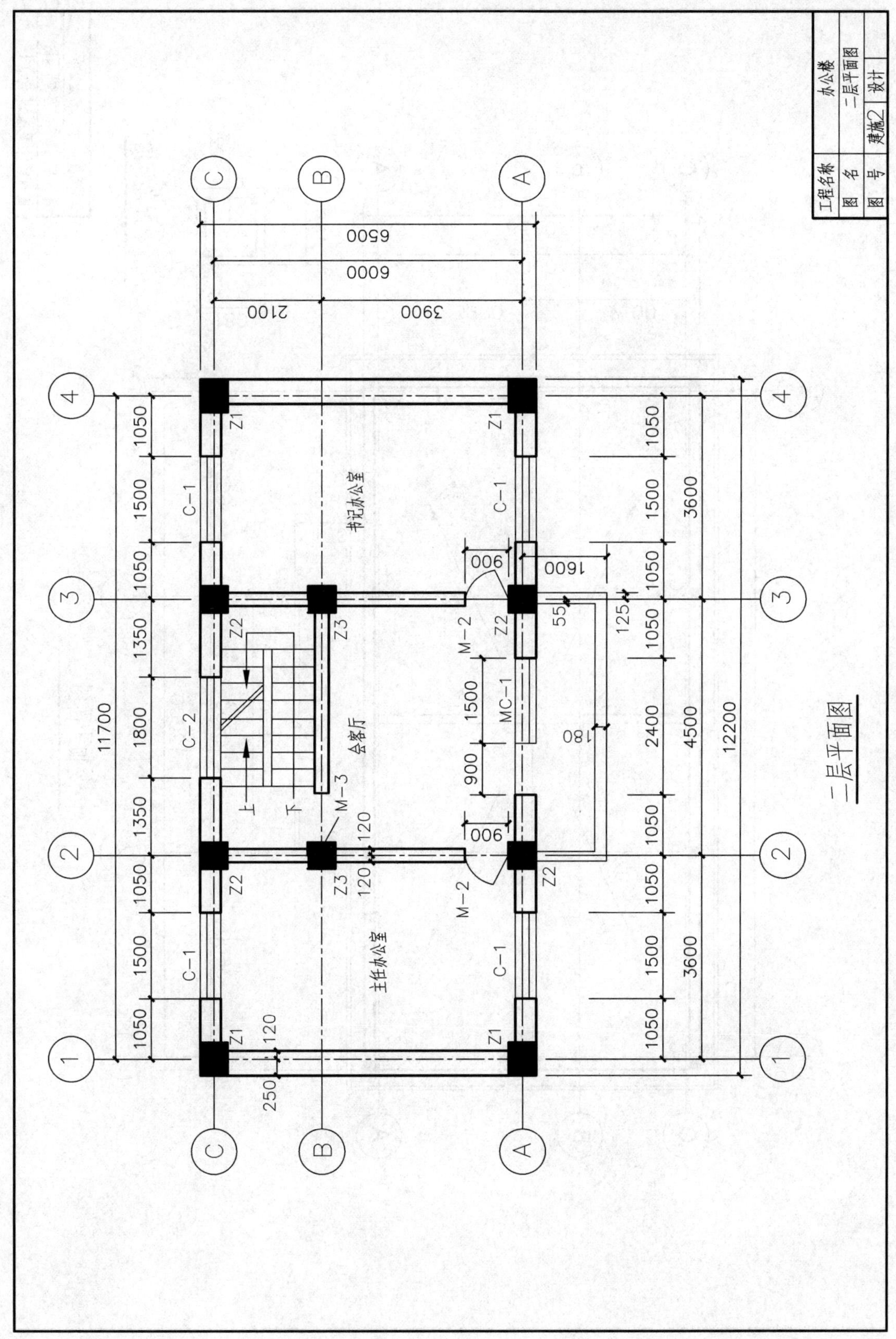

工程名称
办公楼
图　名
二层平面图
图　号
建施2
设计
书记办公室
会客厅
主任办公室
二层平面图
C-1
C-2
MC-1
M-2
M-3
Z1
Z2
Z3
上
下
6500
6000
2100
3900
11700
12200
4500
3600
2400
1600

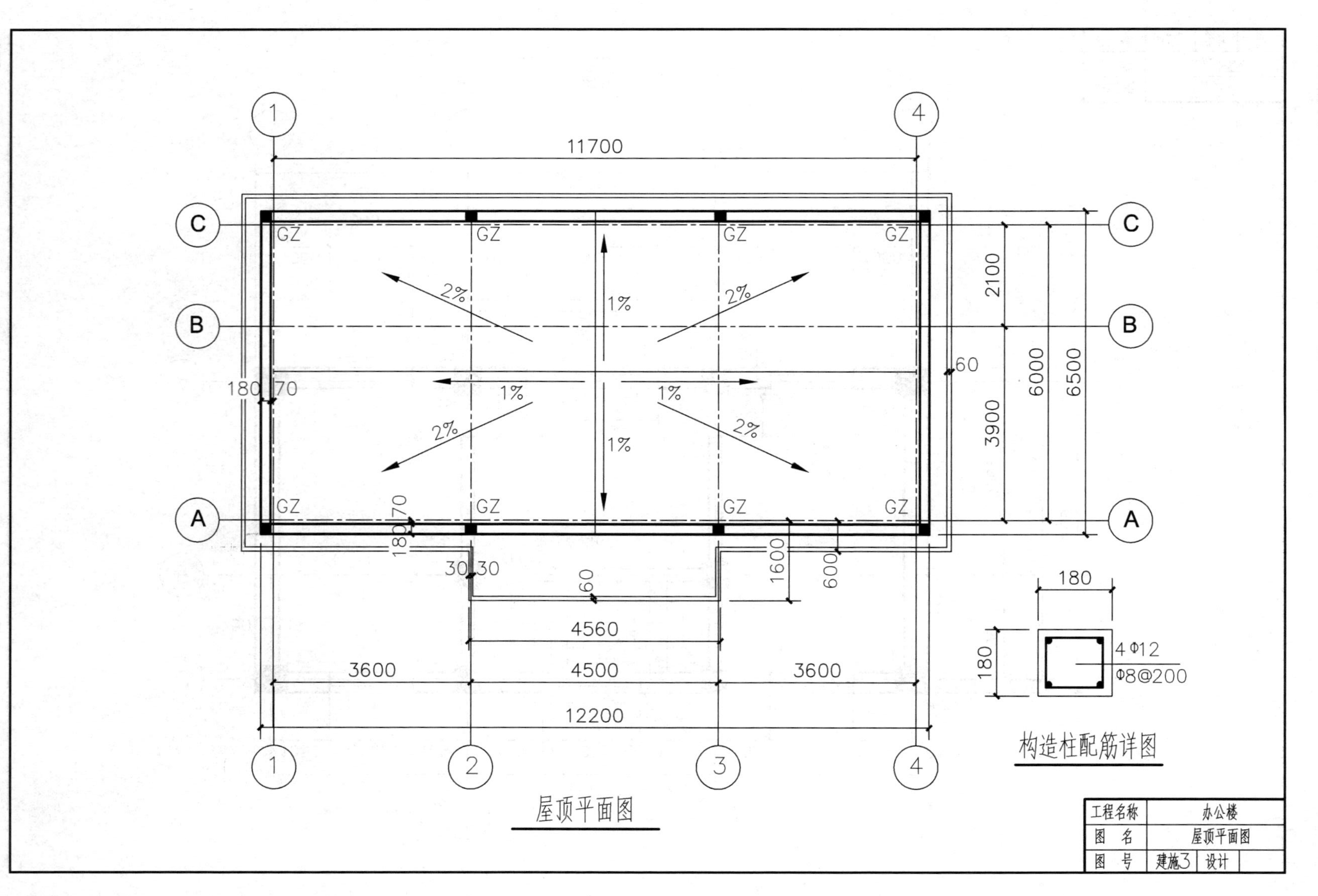

11700
GZ
2%
1%
2100
3900
6000
6500
60
180
70
30
30
1600
600
4560
3600
4500
3600
12200
180
180
4Φ12
Φ8@200
构造柱配筋详图
屋顶平面图
工程名称
办公楼
图　名
屋顶平面图
图　号
建施3
设计

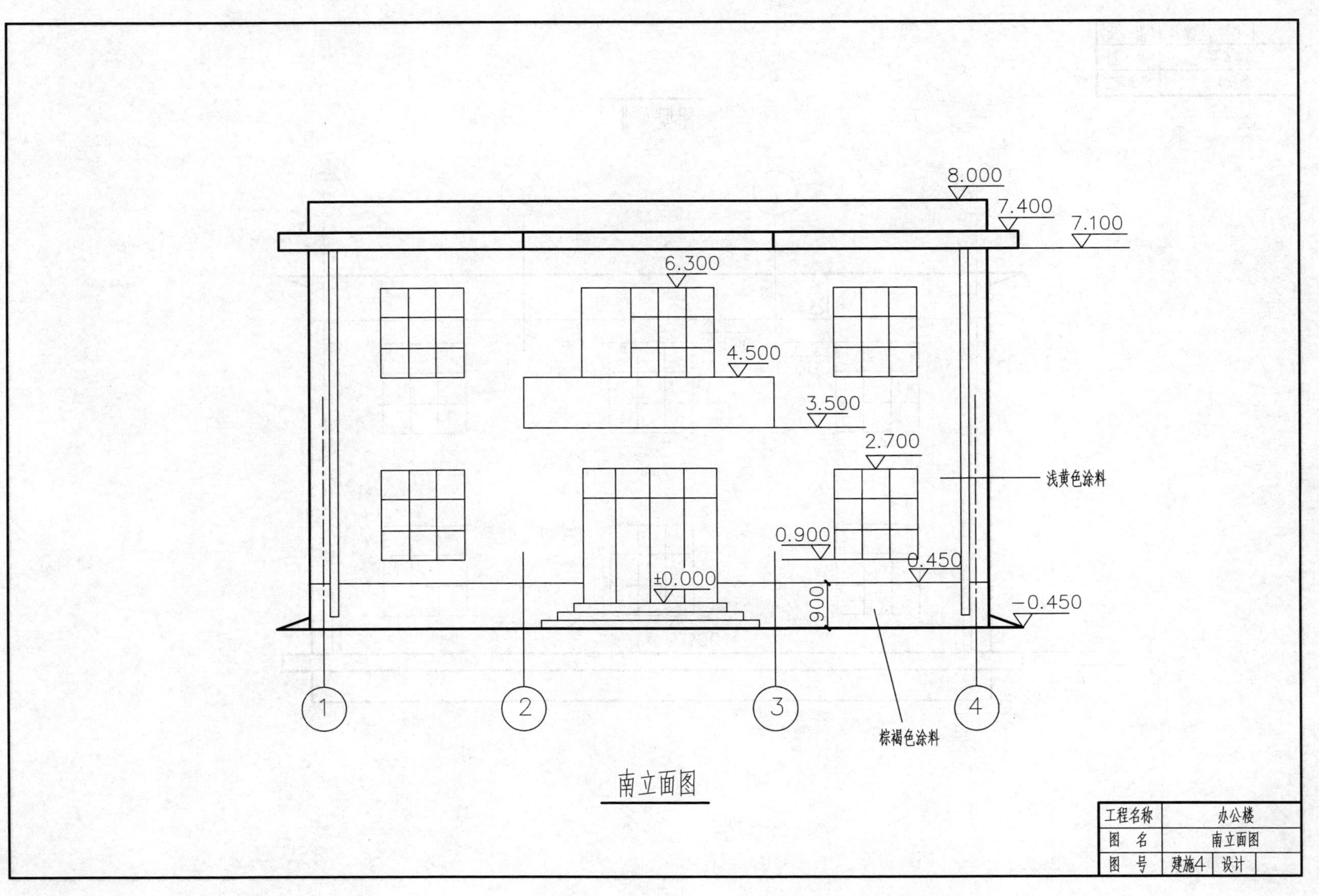
8.000
7.400
7.100
6.300
4.500
3.500
2.700
浅黄色涂料
0.900
0.450
±0.000
900
-0.450
1
2
3
4
棕褐色涂料
南立面图
工程名称
办公楼
图　名
南立面图
图　号
建施4
设计

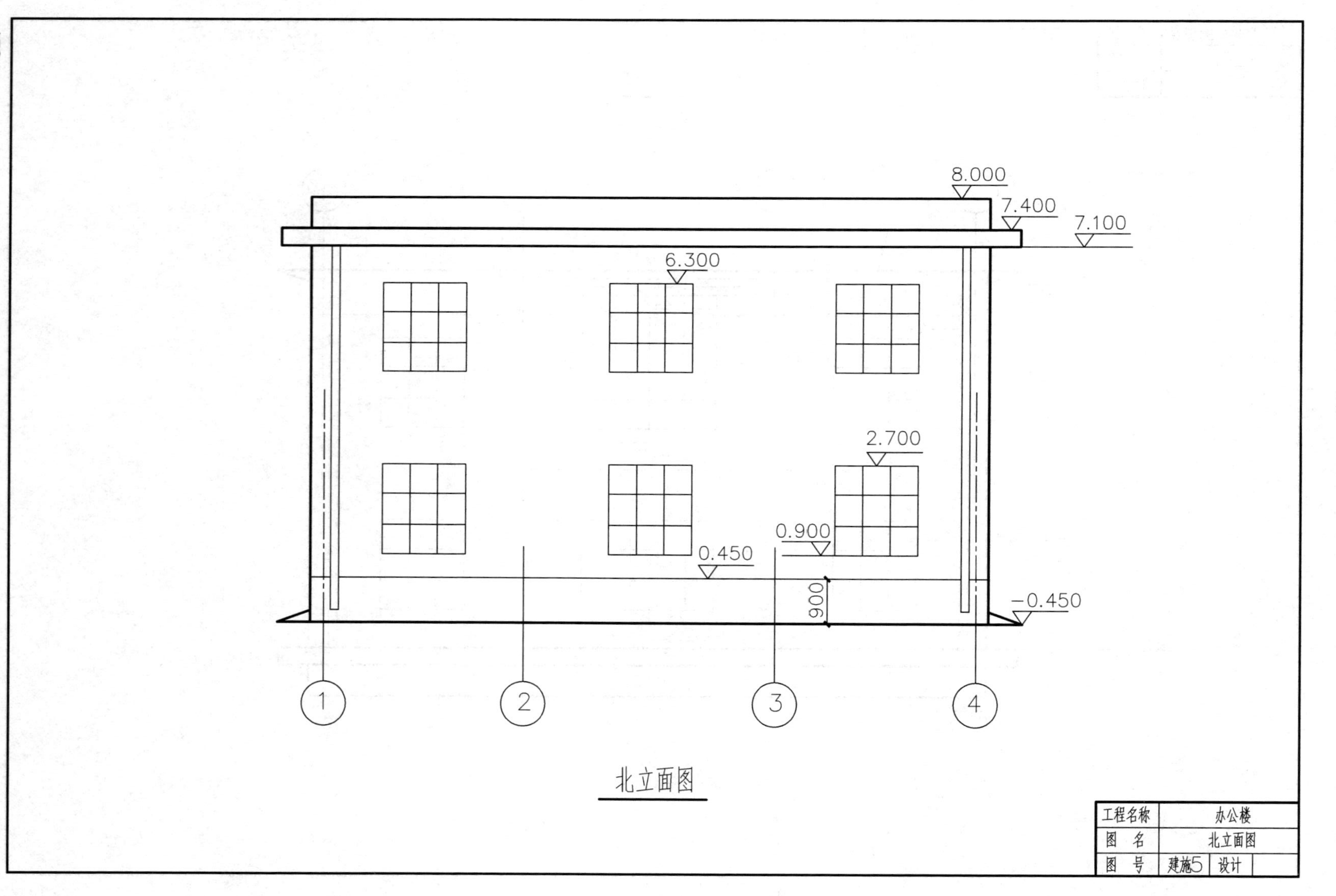
8.000
7.400
7.100
6.300
2.700
0.900
0.450
900
-0.450
1
2
3
4
工程名称
办公楼
图 名
北立面图
图 号
建施5
设计

北立面图

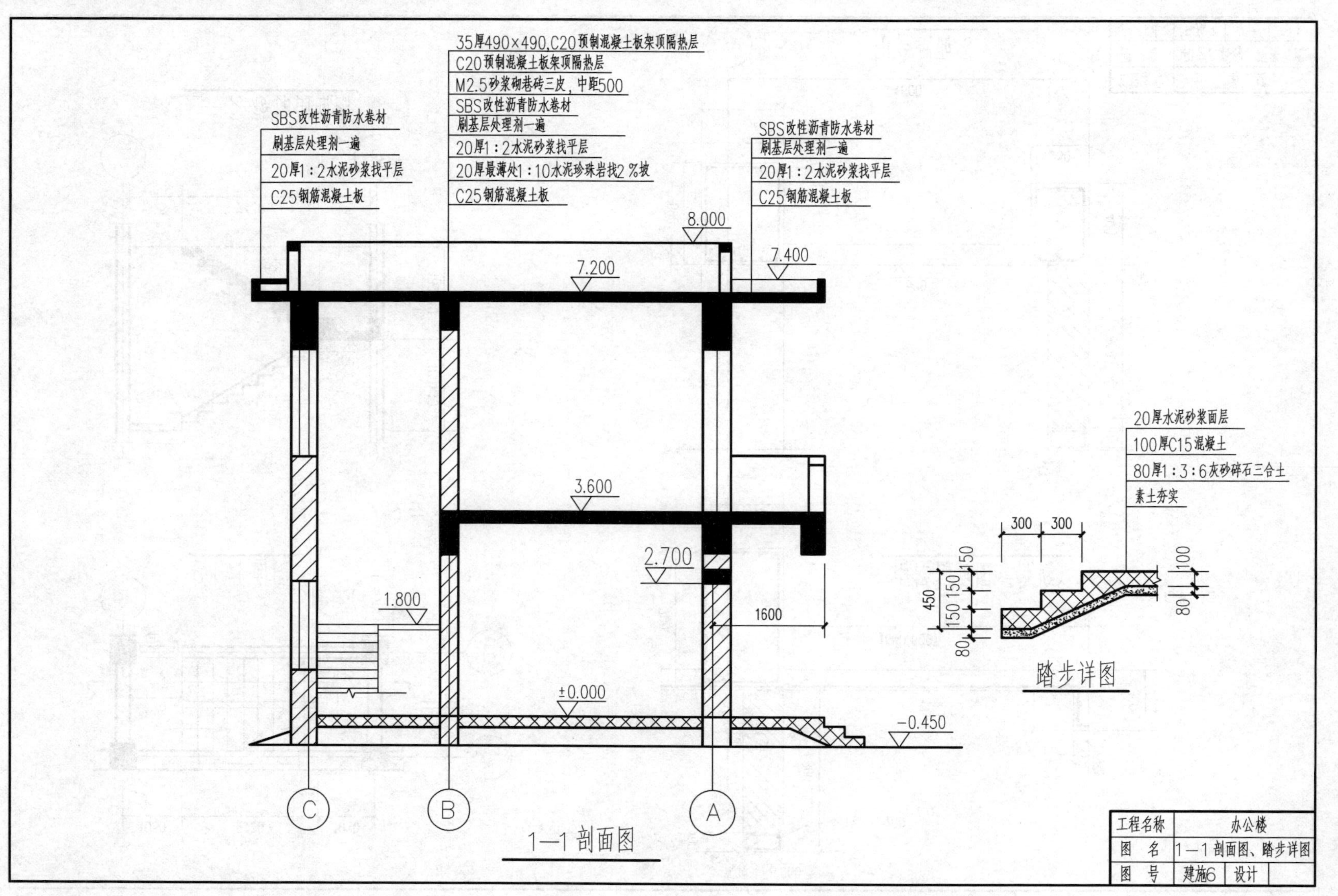
SBS改性沥青防水卷材
刷基层处理剂一遍
20厚1:2水泥砂浆找平层
C25钢筋混凝土板
35厚490×490,C20预制混凝土板架顶隔热层
C20预制混凝土板架顶隔热层
M2.5砂浆砌巷砖三皮，中距500
SBS改性沥青防水卷材
刷基层处理剂一遍
20厚1:2水泥砂浆找平层
20厚最薄处1:10水泥珍珠岩找2%坡
C25钢筋混凝土板
SBS改性沥青防水卷材
刷基层处理剂一遍
20厚1:2水泥砂浆找平层
C25钢筋混凝土板
8.000
7.400
7.200
3.600
2.700
1.800
±0.000
-0.450
1600
C
B
A
1—1 剖面图
20厚水泥砂浆面层
100厚C15混凝土
80厚1:3:6灰砂碎石三合土
素土夯实
300
300
450
150
150
150
80
100
80
踏步详图
工程名称　办公楼
图　名　1—1剖面图、踏步详图
图　号　建施6　设计

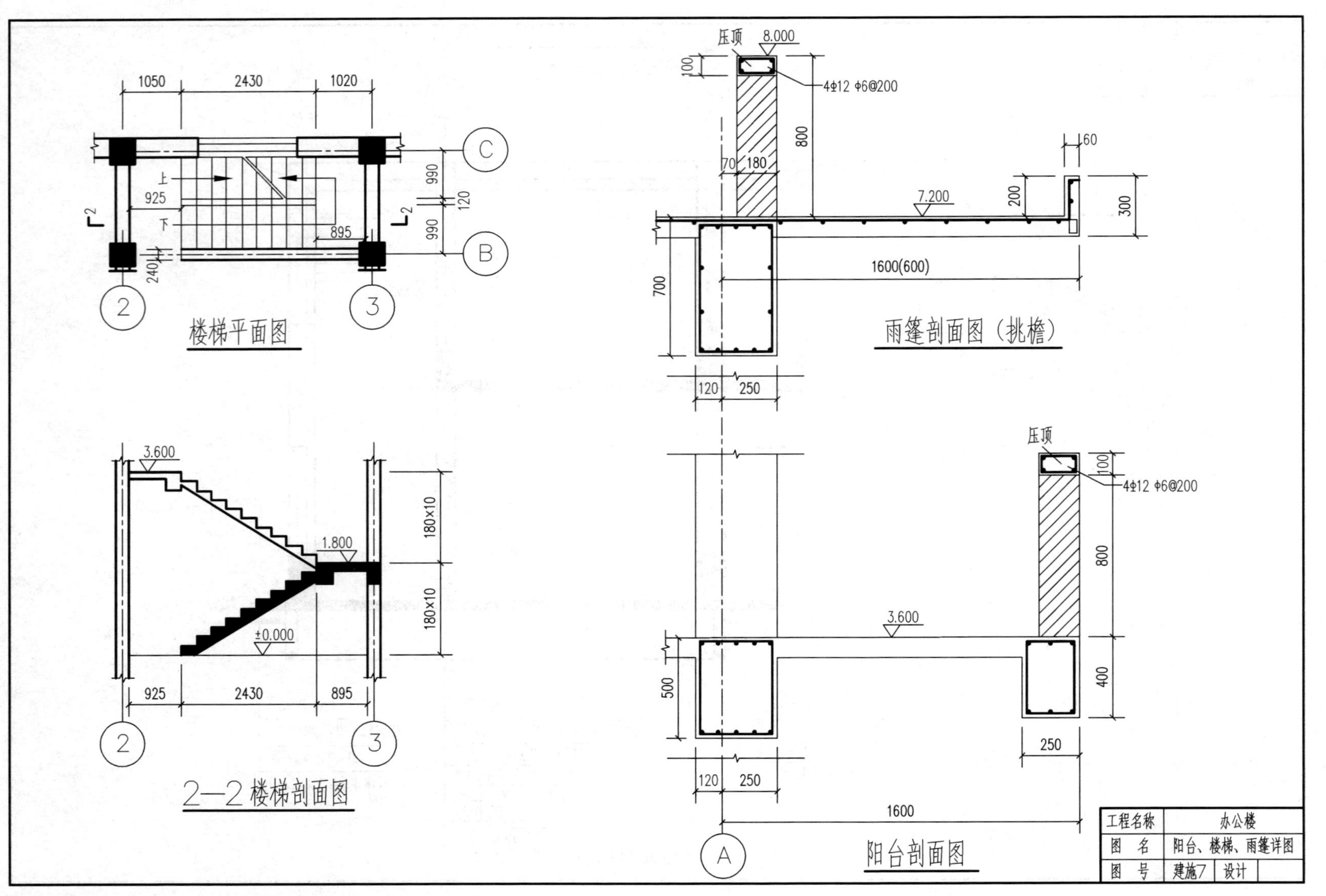
1050
2430
1020
990
120
990
925
895
240
上
下
楼梯平面图
3.600
1.800
±0.000
180×10
180×10
925
2430
895
2—2 楼梯剖面图
压顶
8.000
100
4Φ12 Φ6@200
800
70
180
7.200
60
200
300
700
1600(600)
120
250
雨篷剖面图（挑檐）
压顶
100
4Φ12 Φ6@200
800
3.600
500
400
120
250
250
1600
阳台剖面图
工程名称
办公楼
图 名
阳台、楼梯、雨篷详图
图 号
建施7
设计

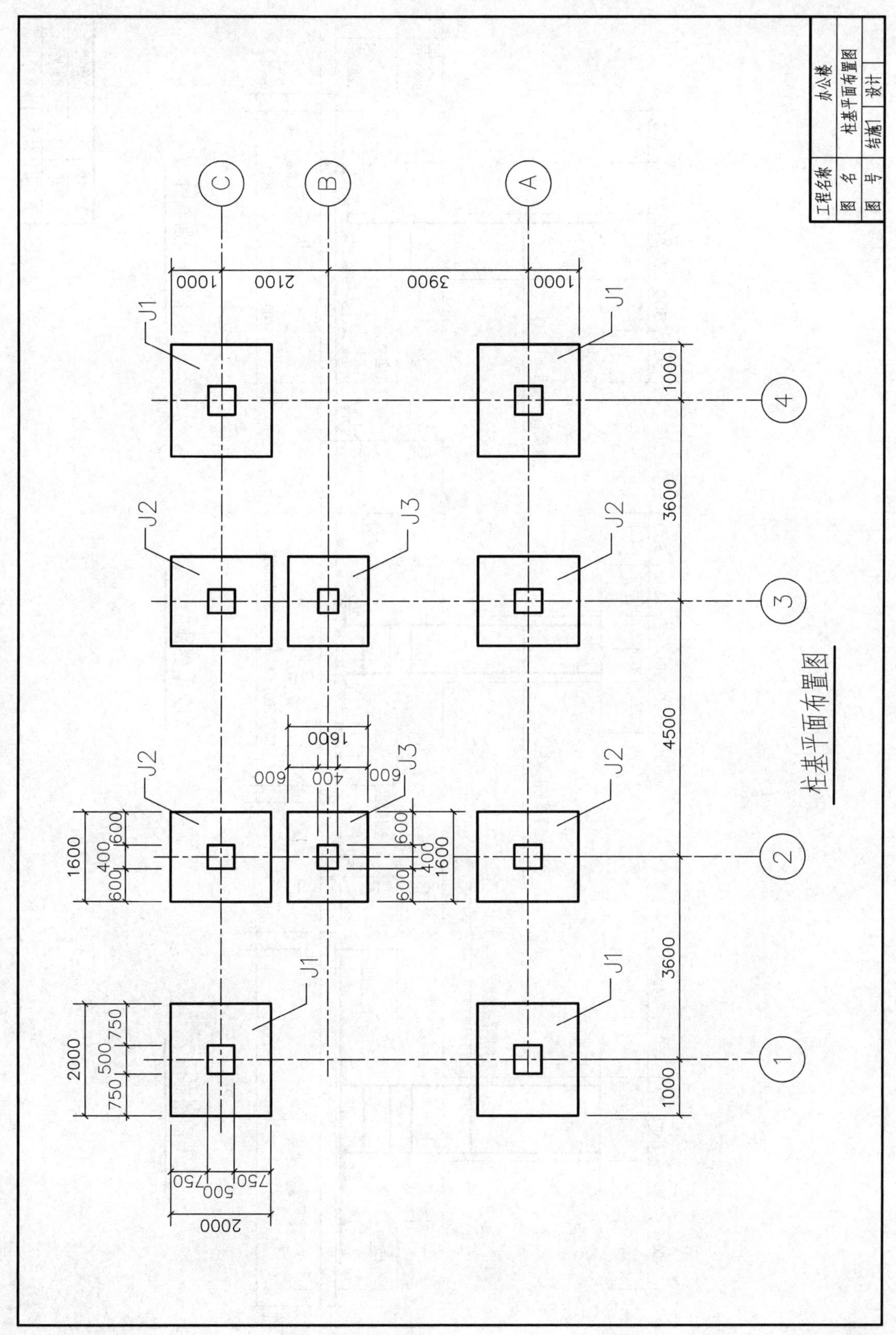
工程名称
办公楼
图　名
柱基平面布置图
图　号
结施1
设计
柱基平面布置图
J1
J2
J3
A
B
C
1
2
3
4
1000
3600
4500
3600
1000
1000
2100
3900
1000
2000
750
500
750
1600
600
400
600

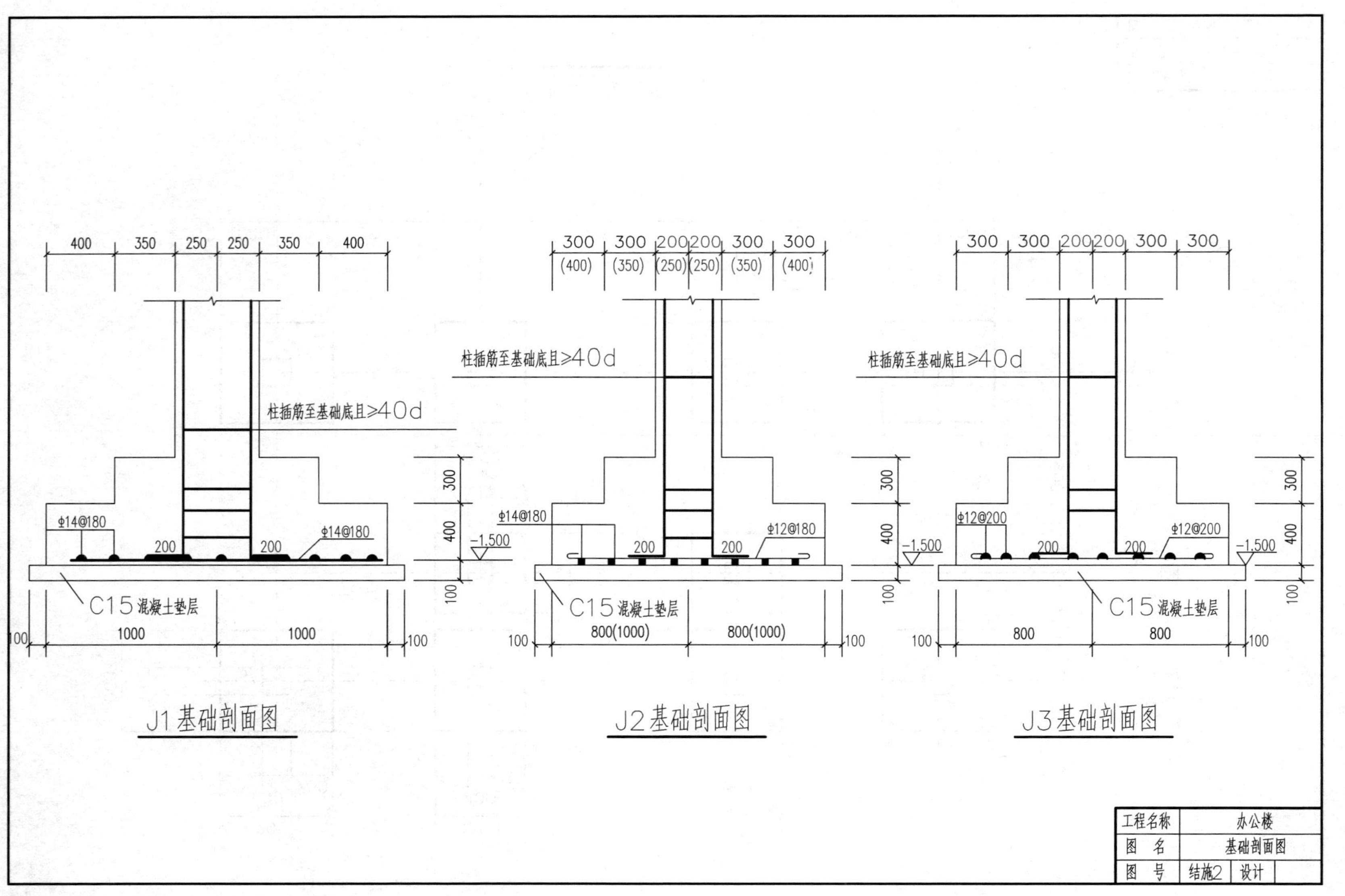
400
350
250
250
350
400
柱插筋至基础底且≥40d
Φ14@180
200
200
Φ14@180
300
400
100
-1.500
C15 混凝土垫层
100
1000
1000
100
J1基础剖面图
300 (400)
300 (350)
200 (250)
200 (250)
300 (350)
300 (400)
柱插筋至基础底且≥40d
Φ14@180
200
200
Φ12@180
C15 混凝土垫层
100
800(1000)
800(1000)
100
J2基础剖面图
300
300
200
200
300
300
柱插筋至基础底且≥40d
Φ12@200
200
200
Φ12@200
-1.500
C15 混凝土垫层
100
800
800
100
J3基础剖面图
工程名称 办公楼
图 名 基础剖面图
图 号 结施2 设计

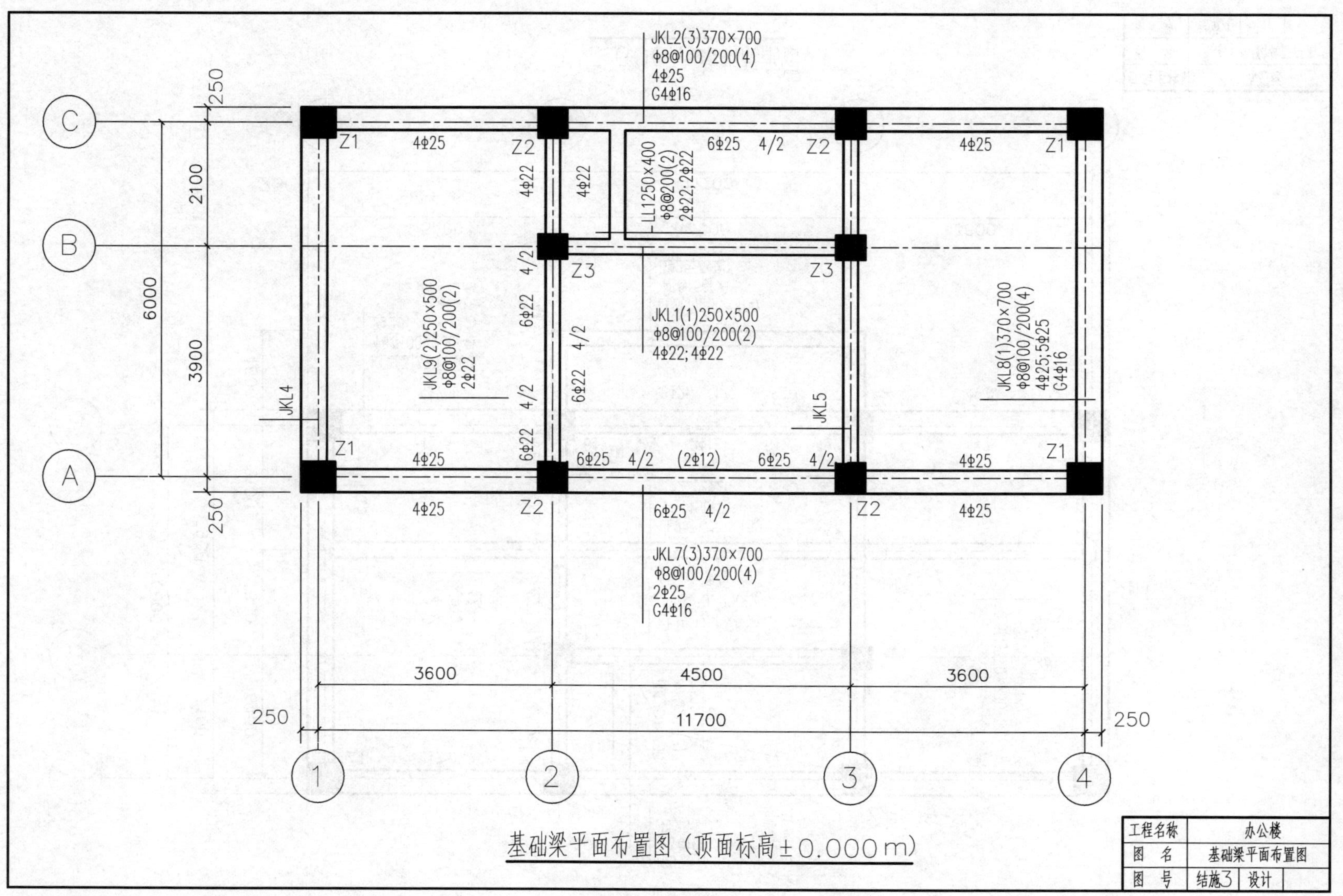

基础梁平面布置图（顶面标高±0.000 m）

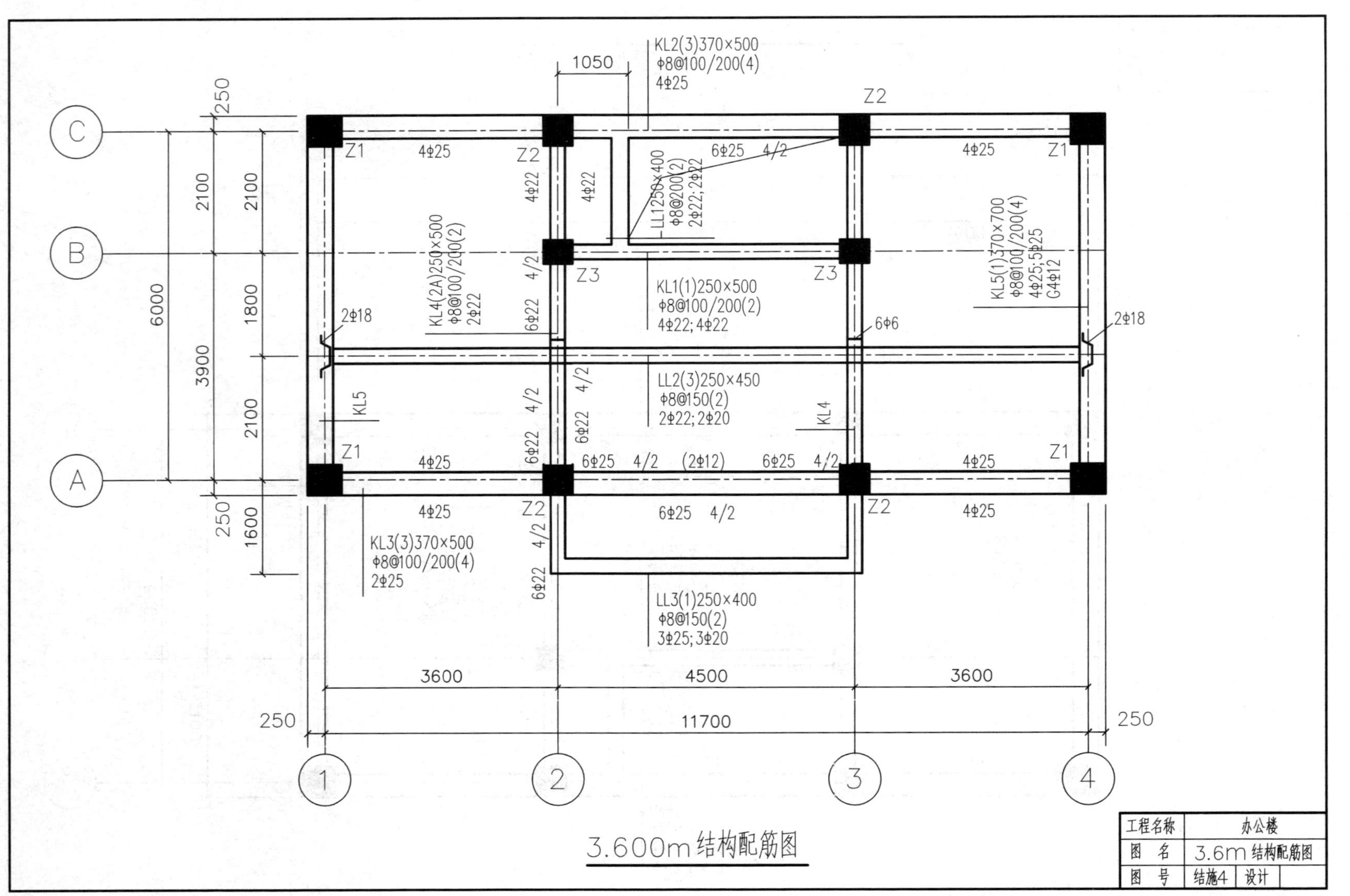

KL2(3)370×500
Φ8@100/200(4)
4Φ25
1050
LL1250×400
Φ8@200(2)
2Φ22;2Φ22
KL4(2A)250×500
Φ8@100/200(2)
2Φ22
KL1(1)250×500
Φ8@100/200(2)
4Φ22;4Φ22
KL5(1)370×700
Φ8@100/200(4)
4Φ25;5Φ25
G4Φ12
LL2(3)250×450
Φ8@150(2)
2Φ22;2Φ20
KL3(3)370×500
Φ8@100/200(4)
2Φ25
LL3(1)250×400
Φ8@150(2)
3Φ25;3Φ20
Z1
Z2
Z3
KL4
KL5
2Φ18
6Φ6
(2Φ12)
3600
4500
11700
6000
3900
2100
1800
1600
250
工程名称 办公楼
图 名 3.6m 结构配筋图
图 号 结施4 设计

3.600m结构配筋图

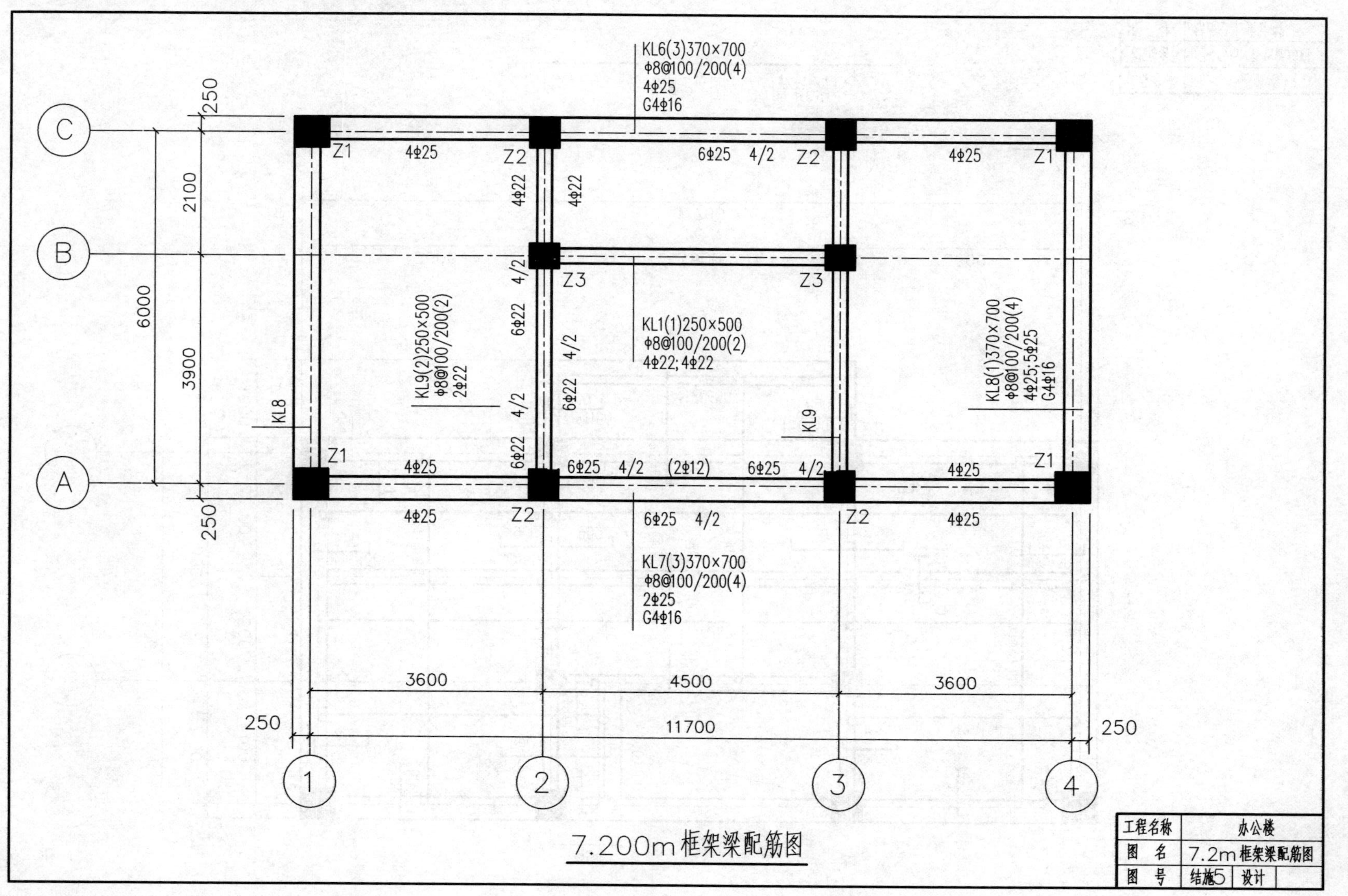
KL6(3)370×700
Φ8@100/200(4)
4Φ25
G4Φ16
Z1
4Φ25
Z2
6Φ25 4/2
Z2
4Φ25
Z1
4Φ22
4Φ22
Z3
Z3
KL9(2)250×500
Φ8@100/200(2)
2Φ22
KL1(1)250×500
Φ8@100/200(2)
4Φ22;4Φ22
KL8(1)370×700
Φ8@100/200(4)
4Φ25;5Φ25
G4Φ16
4/2
6Φ22
KL8
KL9
6Φ25 4/2 (2Φ12) 6Φ25 4/2
4Φ25
Z2
6Φ25 4/2
KL7(3)370×700
Φ8@100/200(4)
2Φ25
G4Φ16
250
2100
6000
3900
3600
4500
11700
1
2
3
4
A
B
C
工程名称 办公楼
图 名 7.2m框架梁配筋图
图 号 结施5 设计
7.200m框架梁配筋图

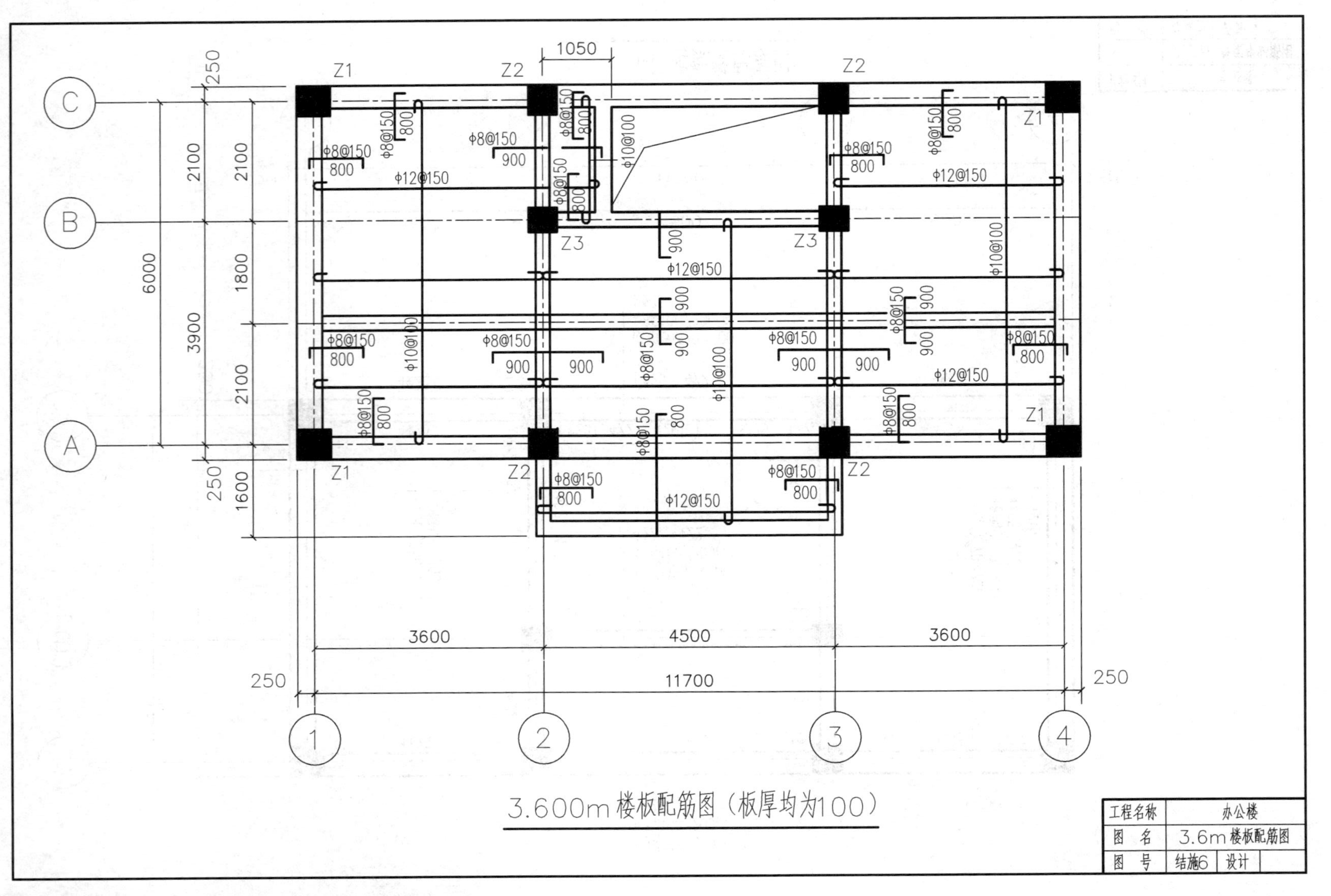

3.600m楼板配筋图（板厚均为100）
工程名称
办公楼
图 名
3.6m楼板配筋图
图 号
结施6
设计
Z1
Z2
Z3
ϕ8@150
ϕ10@100
ϕ12@150
800
900
1050
250
3600
4500
11700
2100
1800
1600
3900
6000
1
2
3
4
A
B
C

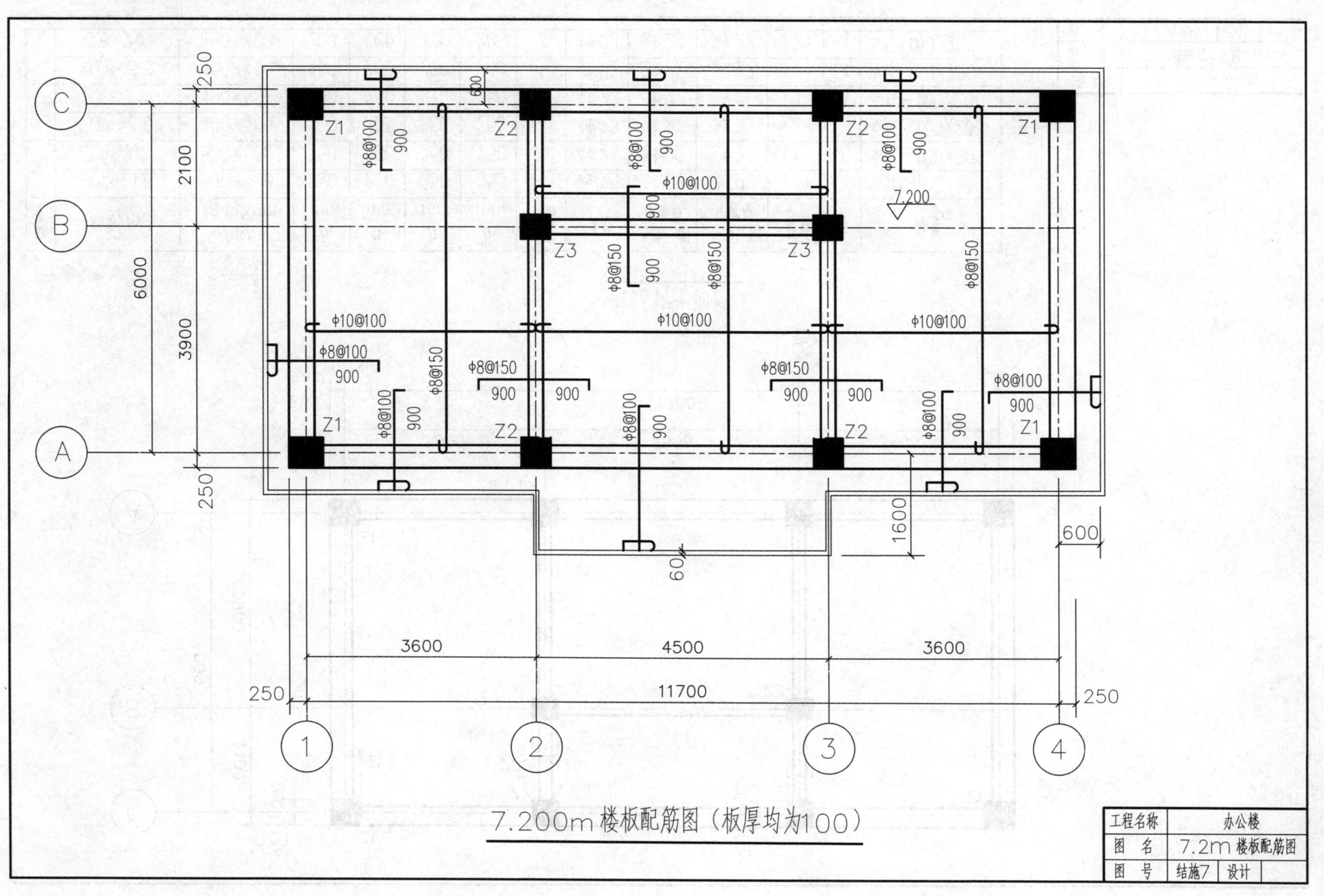

7.200m楼板配筋图（板厚均为100）

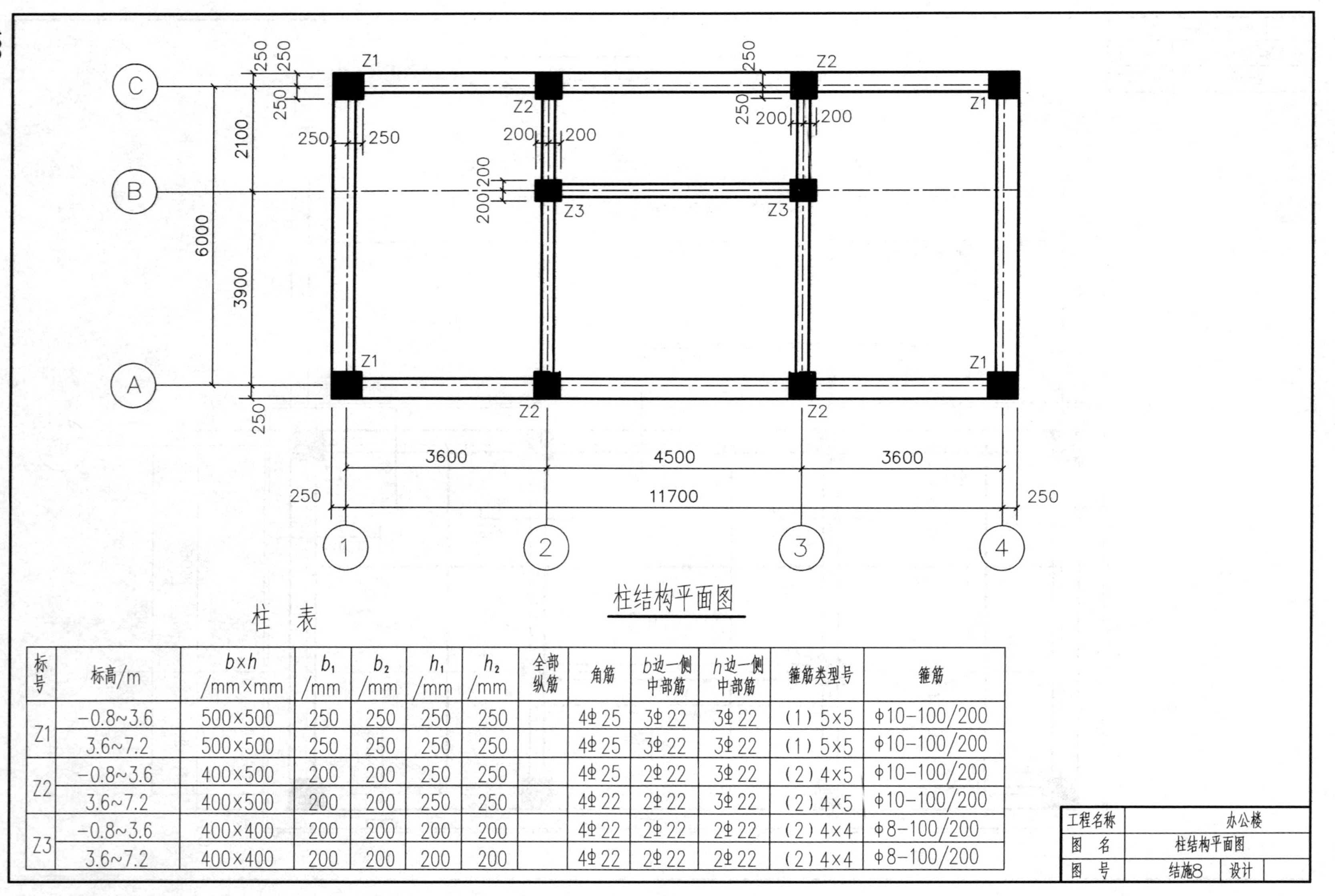

柱结构平面图

柱 表

标号	标高/m	b×h /mm×mm	b_1 /mm	b_2 /mm	h_1 /mm	h_2 /mm	全部纵筋	角筋	b边一侧中部筋	h边一侧中部筋	箍筋类型号	箍筋
Z1	−0.8~3.6	500×500	250	250	250	250		4Φ25	3Φ22	3Φ22	(1) 5×5	Φ10-100/200
	3.6~7.2	500×500	250	250	250	250		4Φ25	3Φ22	3Φ22	(1) 5×5	Φ10-100/200
Z2	−0.8~3.6	400×500	200	200	250	250		4Φ25	2Φ22	3Φ22	(2) 4×5	Φ10-100/200
	3.6~7.2	400×500	200	200	250	250		4Φ22	2Φ22	3Φ22	(2) 4×5	Φ10-100/200
Z3	−0.8~3.6	400×400	200	200	200	200		4Φ22	2Φ22	2Φ22	(2) 4×4	Φ8-100/200
	3.6~7.2	400×400	200	200	200	200		4Φ22	2Φ22	2Φ22	(2) 4×4	Φ8-100/200

工程名称	办公楼	
图 名	柱结构平面图	
图 号	结施8	设计

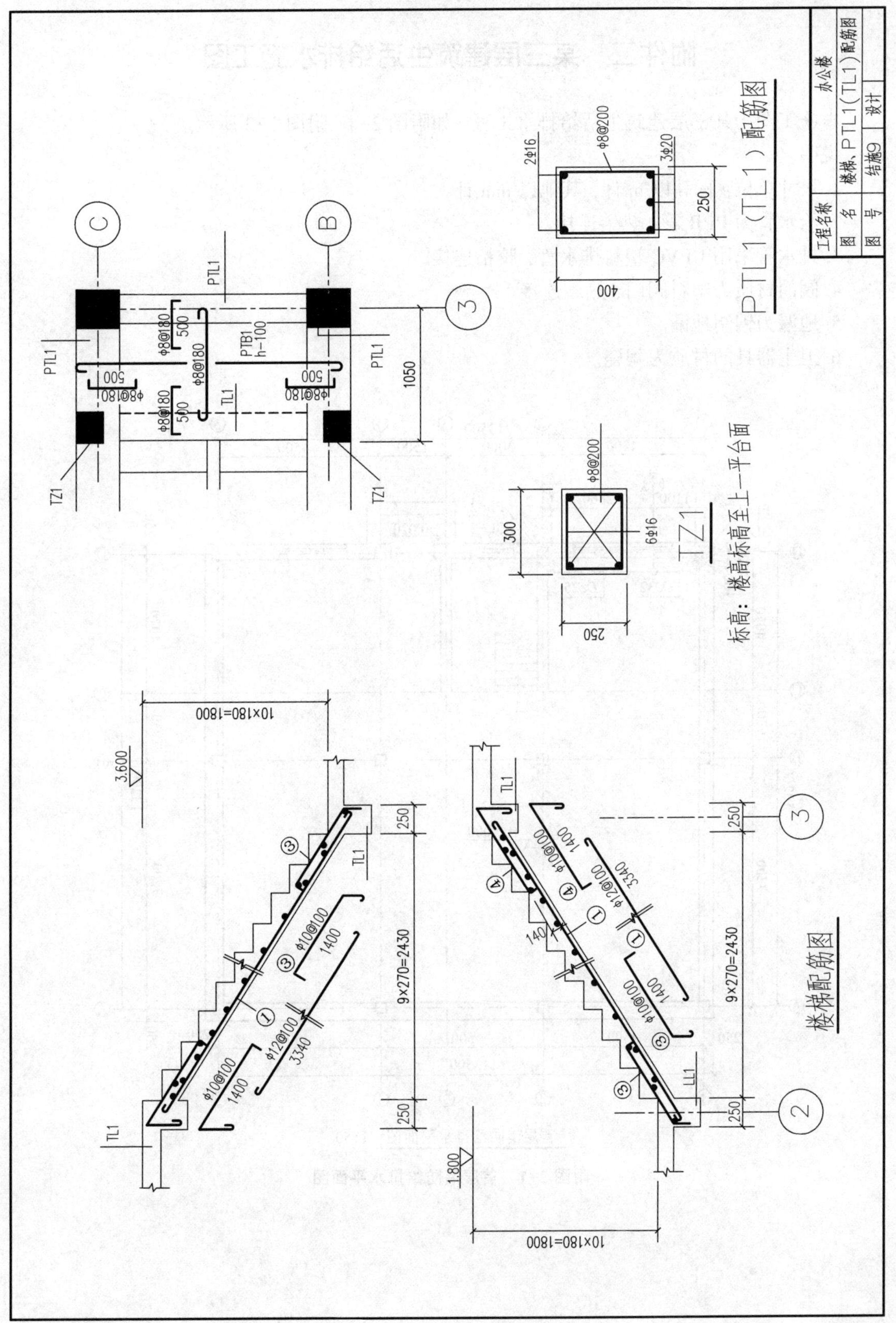

PTL1（TL1）配筋图
楼梯配筋图
TZ1
标高：楼高标高至上一平台面
PTB1
h=100
PTL1
TL1
TZ1
φ8@180
500
1050
φ8@200
2φ16
3φ20
250
400
6φ16
300
250
10×180=1800
9×270=2430
3.600
1.800
φ10@100
φ12@100
1400
3340
140
LL1
工程名称
办公楼
图　名
楼梯、PTL1（TL1）配筋图
图　号
结施9
设计

附件二　某三层建筑生活给排水施工图

本施工图为某三层建筑生活给排水工程，如附图 2-1~附图 2-3 所示。

说明：

1. 尺寸单位：标高以 m 计，其他以 mm 计。
2. 给水管为 PPR 管，热熔连接。
3. 排水管采用 UPVC 塑料排水管，胶粘连接。
4. 阀门材质为塑料阀门，热熔连接。
5. 地漏为钢制地漏。
6. 卫生器具的材质为陶瓷。

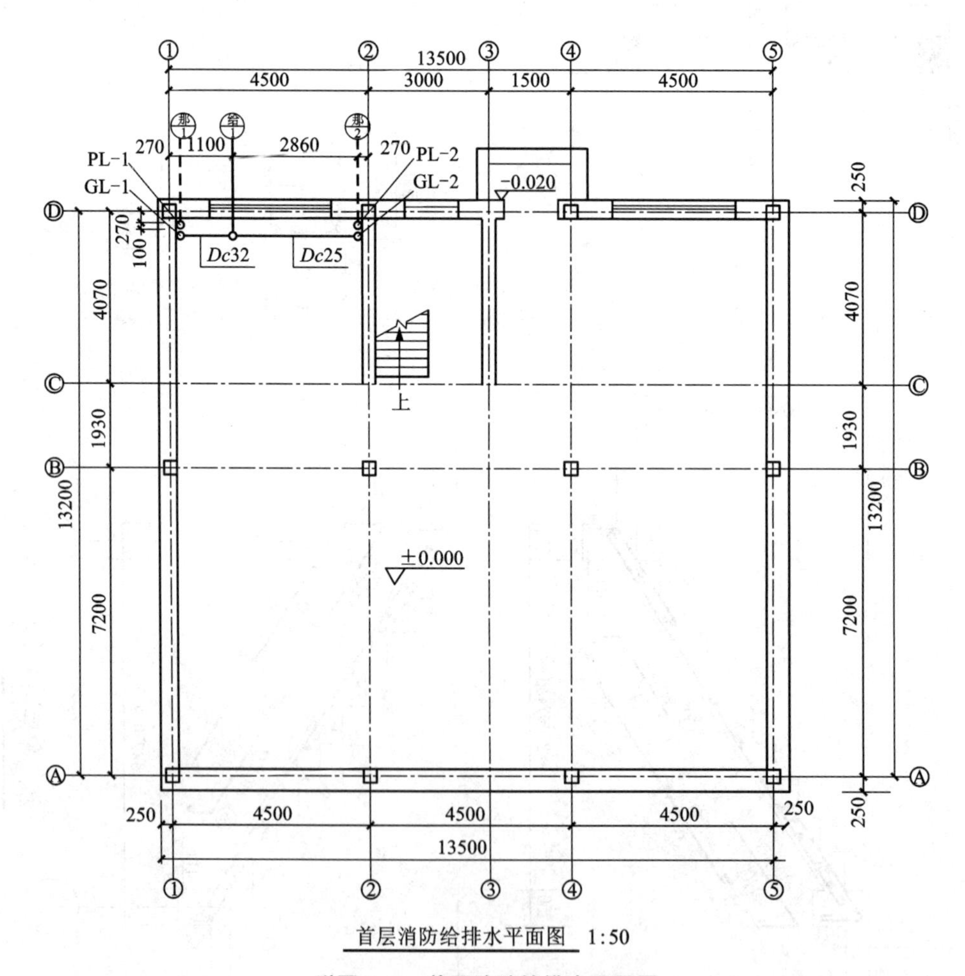

附图 2-1　首层消防给排水平面图

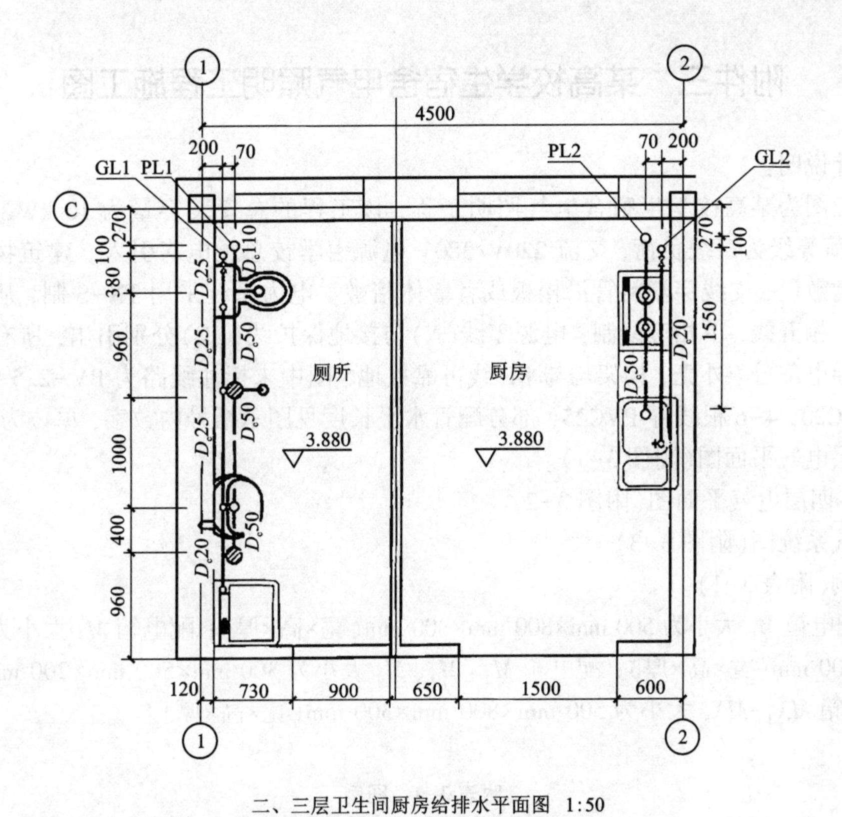

二、三层卫生间厨房给排水平面图 1:50

附图 2-2　二、三层卫生间、厨房给排水平面图

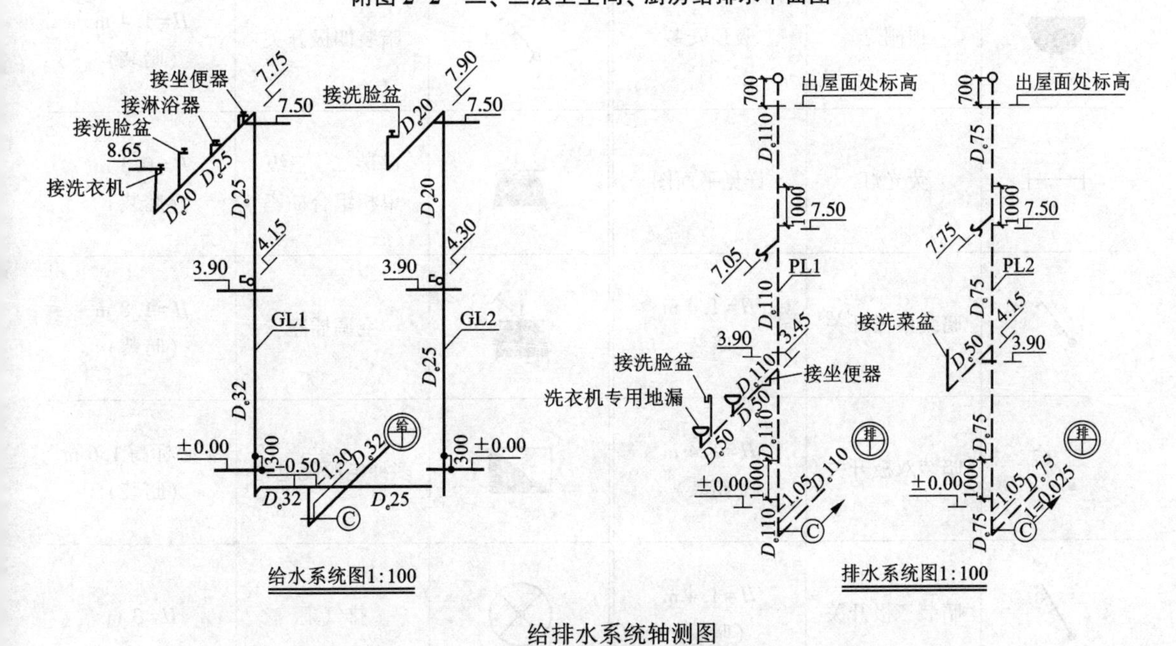

给排水系统轴测图

注：水龙头离地均为1 m

附图 2-3　给排水系统轴测图

附件三　某高校学生宿舍电气照明工程施工图

1. 设计说明：

本施工图为某高校学生宿舍电气照明工程，该工程的总安装容量为 10 kW，计算电流 155 A，负荷等级为三级负荷，交流 220V/380V 电源由学校总配电房引入。建筑物室内干线沿金属线槽敷设，支线穿塑料管沿楼板或者墙体暗敷。电力系统采用 TN-S 制，从总配电柜开始采用三相五线，单相三线制，电源零线(N)与接地保护线(PE)分别引出，所有电器设备不带电的导电部分、外壳、构架均与 PE 线可靠接地，图中未标注线路为 BV-2.5 铜线，2-3 根线穿 PVC20，4-6 根线穿 PVC25，部分配管水平长度见图示括号内数字，单位为 m。

2. 首层电气平面图(附图 3-1)。

3. 二~四层电气平面图(附图 3-2)。

4. 电气系统图(附图 3-3)。

5. 图例(附表 3-1)。

注：配电箱 M_0 大小为 500 mm×800 mm×300 mm(宽×高×厚)；配电箱 M_1 大小为 300 mm×500 mm×200 mm(宽×高×厚)；配电箱 M_2、M_3、M_4 大小为 300 mm×500 mm×200 mm(宽×高×厚)；配电箱 MX_1-MX_8 大小为 500 mm×800 mm×300 mm(宽×高×厚)。

附表 3-1　图例

图例	说明	备注	图例	说明	备注
	顶棚灯	吸顶安装		暗装四极开关	H=1.4 m (暗装)
	荧光灯	详见平面图		暗装二、三级单相组合插座	H=0.3 m (暗装)
	暗装单极开关	H=1.4 m (暗装)		空调插座	H=1.8 m (暗装)
	暗装双极开关	H=1.4 m (暗装)		多种电源配电箱	中心标高 1.6 m (暗装)
	暗装三极开关	H=1.4 m (暗装)		排气扇	H=3 m

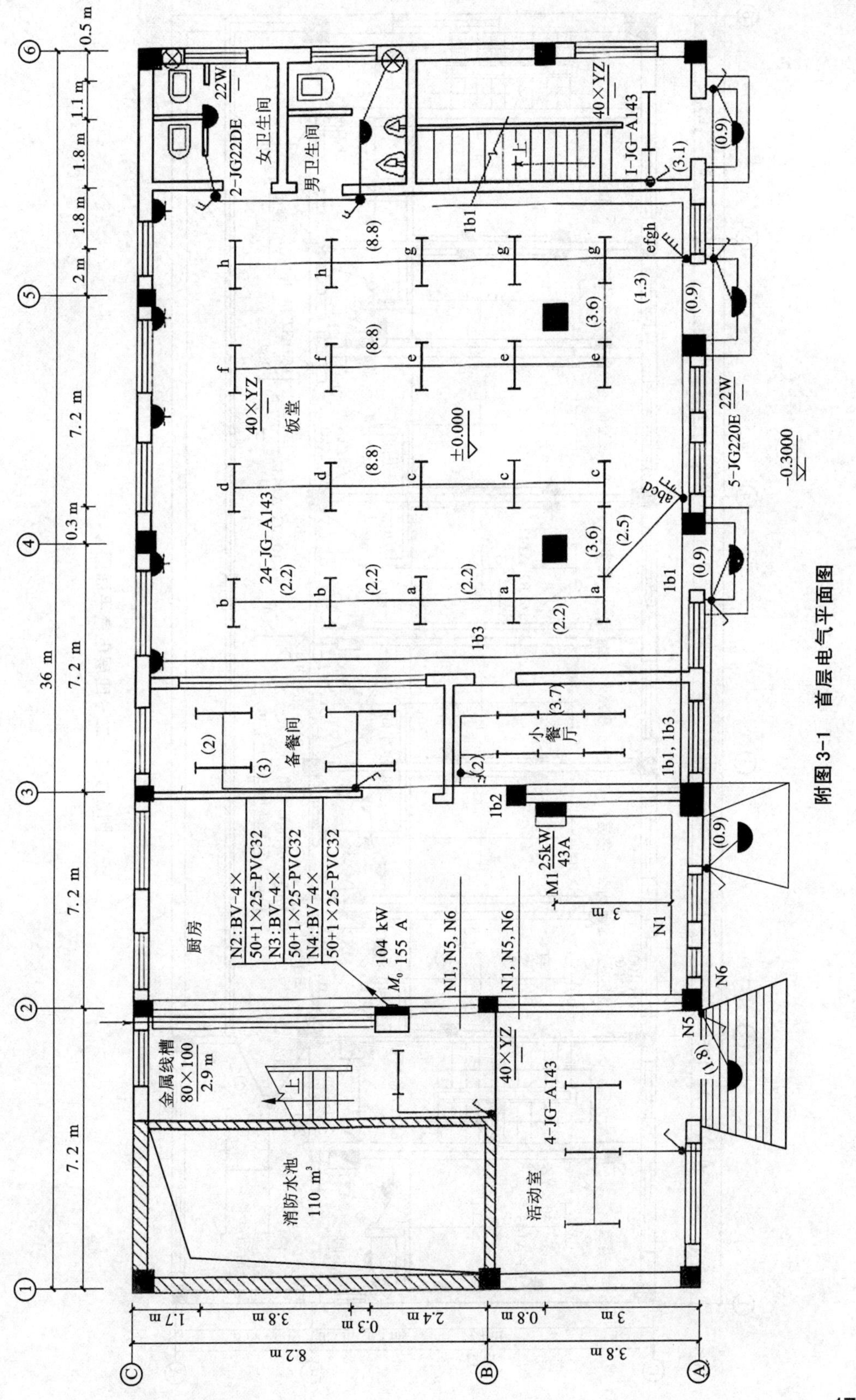

附图 3-1　首层电气平面图

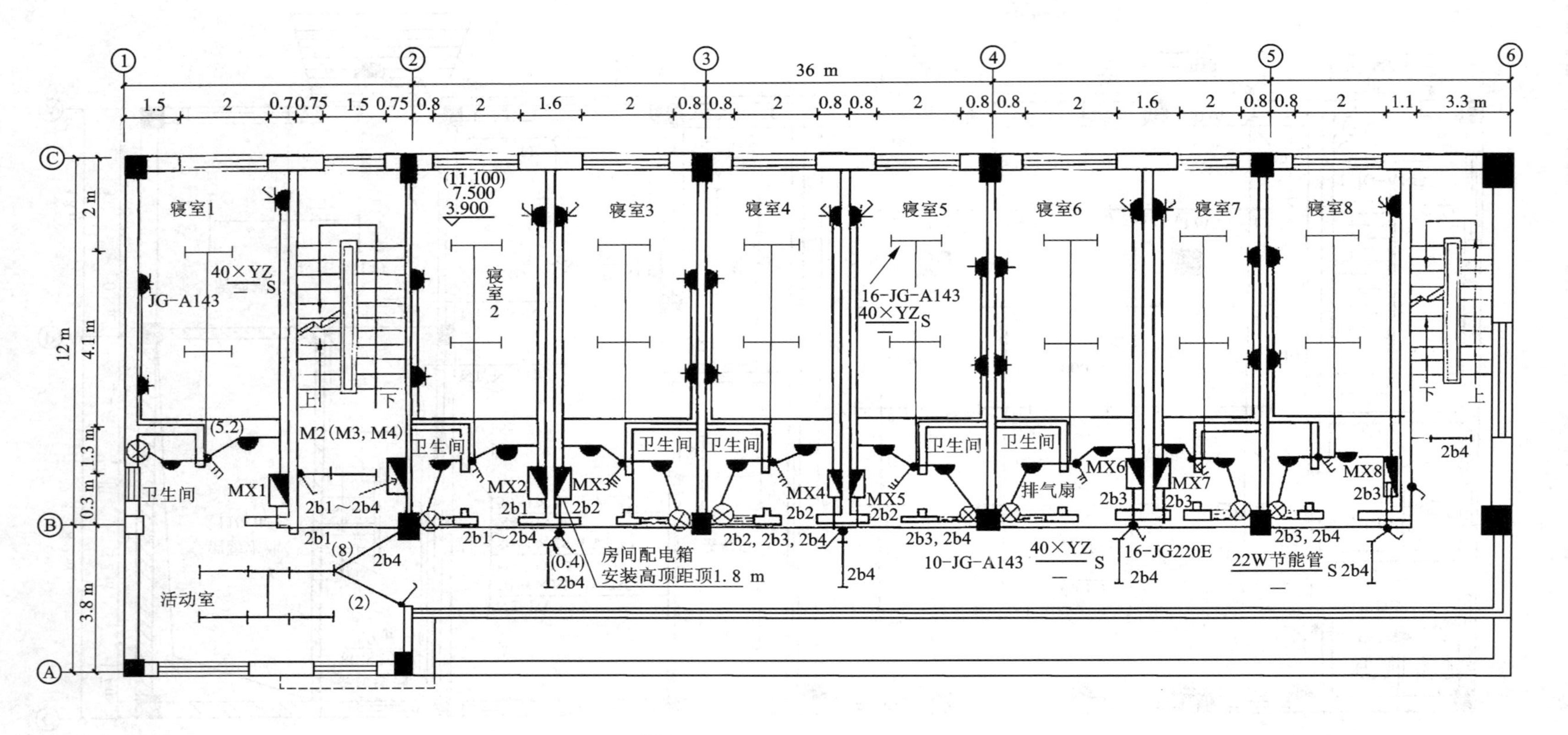

附图3-2 二～四层电气平面图

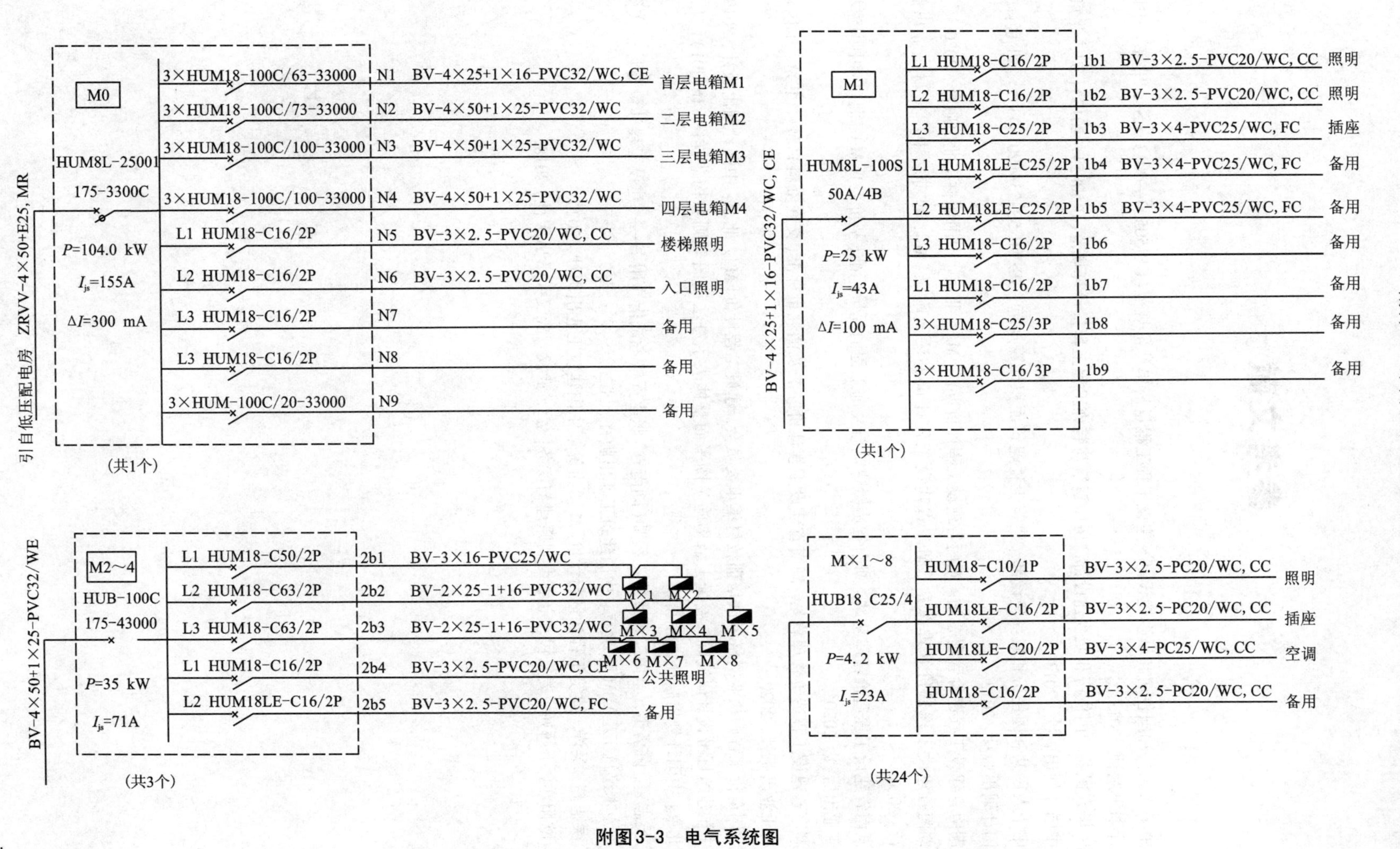
M0
HUM8L-25001
175-3300C
P=104.0 kW
I_js=155A
ΔI=300 mA
(共1个)
3×HUM18-100C/63-33000 N1 BV-4×25+1×16-PVC32/WC, CE 首层电箱M1
3×HUM18-100C/73-33000 N2 BV-4×50+1×25-PVC32/WC 二层电箱M2
3×HUM18-100C/100-33000 N3 BV-4×50+1×25-PVC32/WC 三层电箱M3
3×HUM18-100C/100-33000 N4 BV-4×50+1×25-PVC32/WC 四层电箱M4
L1 HUM18-C16/2P N5 BV-3×2.5-PVC20/WC, CC 楼梯照明
L2 HUM18-C16/2P N6 BV-3×2.5-PVC20/WC, CC 入口照明
L3 HUM18-C16/2P N7 备用
L3 HUM18-C16/2P N8 备用
3×HUM-100C/20-33000 N9 备用
引自低压配电房 ZRVV-4×50+E25, MR
M1
HUM8L-100S
50A/4B
P=25 kW
I_js=43A
ΔI=100 mA
(共1个)
L1 HUM18-C16/2P 1b1 BV-3×2.5-PVC20/WC, CC 照明
L2 HUM18-C16/2P 1b2 BV-3×2.5-PVC20/WC, CC 照明
L3 HUM18-C25/2P 1b3 BV-3×4-PVC25/WC, FC 插座
L1 HUM18LE-C25/2P 1b4 BV-3×4-PVC25/WC, FC 备用
L2 HUM18LE-C25/2P 1b5 BV-3×4-PVC25/WC, FC 备用
L3 HUM18-C16/2P 1b6 备用
L1 HUM18-C16/2P 1b7 备用
3×HUM18-C25/3P 1b8 备用
3×HUM18-C16/3P 1b9 备用
BV-4×25+1×16-PVC32/WC, CE
M2~4
HUB-100C
175-43000
P=35 kW
I_js=71A
(共3个)
L1 HUM18-C50/2P 2b1 BV-3×16-PVC25/WC
L2 HUM18-C63/2P 2b2 BV-2×25-1+16-PVC32/WC
L3 HUM18-C63/2P 2b3 BV-2×25-1+16-PVC32/WC
L1 HUM18-C16/2P 2b4 BV-3×2.5-PVC20/WC, CE 公共照明
L2 HUM18LE-C16/2P 2b5 BV-3×2.5-PVC20/WC, FC 备用
M×1 M×2 M×3 M×4 M×5 M×6 M×7 M×8
BV-4×50+1×25-PVC32/WE
M×1~8
HUB18 C25/4
P=4.2 kW
I_js=23A
(共24个)
HUM18-C10/1P BV-3×2.5-PC20/WC, CC 照明
HUM18LE-C16/2P BV-3×2.5-PC20/WC, CC 插座
HUM18LE-C20/2P BV-3×4-PC25/WC, CC 空调
HUM18-C16/2P BV-3×2.5-PC20/WC, CC 备用

附图3-3　电气系统图

参考文献

[1] 中华人民共和国住房和城乡建设部. 建设工程工程量清单计价规范(GB 50500—2013)[S]. 北京：中国计划出版社, 2013.

[2] 中华人民共和国住房和城乡建设部. 房屋建筑与装饰工程工程量计算规范(B 50854—2013)[S]. 北京：中国计划出版社, 2013.

[3] 中华人民共和国住房和城乡建设部. 建筑工程建筑面积计算规范(GB/TB 50353—2013)[S]. 北京：中国计划出版社, 2013.

[4] 湖南省建设工程造价管理总站. 湖南省建设工程计价办法[M]. 北京：中国建材工业出版社, 2020.

[5] 湖南省建设工程造价管理总站. 湖南省建设工程计价办法及附录[M]. 北京：中国建材工业出版社, 2020.

[6] 湖南省建设工程造价管理总站. 湖南省房屋建筑与装饰工程消耗量标准(基价表)[M]. 北京：中国建材工业出版社, 2020.

[7] 湖南省建设工程造价管理总站. 湖南省建设工程计价办法及消耗量标准(交底资料)[M]. 北京：中国建材工业出版社, 2020.

[8] 全国造价工程师执业资格考试培训教材编审委员会. 建设工程计价[M]. 北京：中国计划出版社, 2019.

[9] 中国建筑标准设计研究院. 混凝土结构施工图平面整体表示方法制图规则和构造详图(16Gl01)[M]. 北京：中国计划出版社, 2016.

[10] 吴志超, 陈蓉芳. 全国二级造价工程师(湖南省)职业资格考试指导用书——建设工程计量与计价实务(土木建筑工程)[M]. 北京：中国建筑工业出版社, 2020.

[11] 吴志超, 吴洋. 建筑工程计量与计价[M]. 北京：中国建筑工业出版社, 2020.

[12] 欧阳洋, 伍娇娇, 姜安民. 定额编制原理与实务[M]. 武汉：武汉大学出版社, 2018.

图书在版编目(CIP)数据

工程造价综合实训 / 陈蓉芳, 吴洋主编. —长沙:
中南大学出版社, 2022.1

ISBN 978-7-5487-4700-0

Ⅰ. ①工… Ⅱ. ①陈… ②吴… Ⅲ. ①建筑造价管理
—高等职业教育—教材 Ⅳ. ①TU723.3

中国版本图书馆 CIP 数据核字(2021)第 234420 号

工程造价综合实训

主编　陈蓉芳　吴　洋

主审　胡六星

□**责任编辑**　谭　平
□**责任印制**　唐　曦
□**出版发行**　中南大学出版社
社址: 长沙市麓山南路　　邮编: 410083
发行科电话: 0731-88876770　　传真: 0731-88710482
□**印　　装**　湖南省汇昌印务有限公司

□**开　　本**　787 mm×1092 mm　1/16　□**印张** 11.75　□**字数** 294 千字
□**版　　次**　2022 年 1 月第 1 版　□**印次** 2022 年 1 月第 1 次印刷
□**书　　号**　ISBN 978-7-5487-4700-0
□**定　　价**　36.00 元